**第三版
Webデザイナー検定
ベーシック公式問題集**

JN123685

Contents

検定の紹介 ……………………………………………… 2
出題範囲 ………………………………………………… 4
本書の構成 ……………………………………………… 6

練習問題
練習問題1 ……………………………………………… 7
練習問題2 ……………………………………………… 31
練習問題3 ……………………………………………… 55

解説・解答（別冊：巻末差込冊子）
練習問題1　解説・解答 ……………………………… 2
練習問題2　解説・解答 ……………………………… 7
練習問題3　解説・解答 ……………………………… 12

CG-ARTS 検定
CG-ARTS CERTIFICATION TESTS

CG-ARTS検定は 画像を中心とした 情報処理の5つの検定です.

検定や書籍の最新情報は, Webサイトをご覧ください.

www.cgarts.or.jp

検定の特徴

➡ 変化に対応できる人材の育成

特定のソフトウェアやマシン環境に依存しない知識の理解とその応用力を評価. プロフェッショナルに求められる専門知識の習得を評価し, つねに新しい知識や技術を習得して変化に対して柔軟に対応できる能力を重視します.

➡ 83万人が受験, 37万人の合格者が活躍

CG-ARTSが次代の産業, 文化, 社会を担う人材の育成を目指し, 初めてCG試験 (検定)を実施したのは1991年. その後, 検定は時代のニーズに合わせてカタチを変え, 現在に至ります. これまでに約83万人が受験, 約37万人の合格者が, 産業界・文化・学術・教育界で活躍しています.

➡ 300人の専門家による信頼の内容

検定試験やテキストのベースとなるカリキュラムは, 制作現場で活躍するクリエイター, エンジニア, そして企業の開発部門や大学などの教育機関に所属する研究者, 約300名の協力により作成. 専門領域ごとに体系的, 網羅的に内容がまとめられています.

➡ ベーシックとエキスパートで着実にステップアップ

現場で役立つ実践・実務能力の習得を目指したカリキュラムに基づき, ベーシックでは専門知識の理解を, エキスパートでは専門知識の理解と応用を評価. 学習に応じて, 無理なくステップアップが図れます.

各検定は, 画像を中心とした情報分野を扱う点でリンクしています. テーマや範囲が重なり合うため, 1つの検定を学ぶことが, ほかの検定の学習につながっています.

マルチメディア検定

4つの専門知識を支える検定

マルチメディアに関連するディジタルコンテンツ, 情報技術の基本的な知識と, 日常生活や社会へのマルチメディアの応用について, 幅広い知識を測ります.

● こんな職種にオススメ

ICTを活用するビジネスパーソン全般

CGクリエイター検定

デザインや2次元CGの基礎から, 構図やカメラワークなどの映像制作の基本, モデリングやアニメーションなどの3次元CG制作の手法やワークフローまで, 表現に必要な多様な知識を測ります.

● こんな職種にオススメ

CGデザイナー	CGアニメータ
ゲームクリエイター	CGモデラ
CGディレクター	グラフィックデザイナー

Webデザイナー検定

コンセプトメイキングなどの準備段階から, Webページデザインなどの実作業, テストや評価, 運用まで, Webデザインに必要な多様な知識を測ります.

● こんな職種にオススメ

Webデザイナー	Webプロデューサ
Webプランナ	フロントエンドエンジニア
Webマスタ	営業・販売

CGエンジニア検定

アニメーション, 映像, ゲーム, VR, ARアプリなどのソフトウェアの開発やカスタマイズ, システム開発を行うための知識を測ります.

● こんな職種にオススメ

CGプログラマ	ゲームプログラマ
ソフトウェアエンジニア	CADエンジニア
テクニカルディレクタ	

画像処理エンジニア検定

工業分野, 医用, リモートセンシング, ロボットビジョン, 交通流計測, バーチャルスタジオ, 画像映像系製品などのソフトウェアやシステム, 製品などの開発を行うための知識を測ります.

● こんな職種にオススメ

エンジニア

プログラマ

開発・研究者

出題範囲

Webデザイナー検定エキスパートとベーシック

Webデザイナー検定　エキスパート

Webサイトに関する専門的な理解と，企画や制作，運用の知識を応用する能力を測ります．

Webデザインへの アプローチ	Webサイト制作に必要な人材と求められる能力， Webサイト制作の一般的なプロセスについての知識 ◆Webサイト制作業界の人材像　　◆Webサイト制作のプロセス
コンセプトメイキング	Webサイトのコンセプトメイキングのプロセスや，具体的な手法についての知識 ◆コンセプトの設定　　◆Webサイトの種類とコンセプト ◆さまざまな閲覧機器　　◆ほかのメディアとの関係
情報の構造	情報の収集・分類・組織化と，集められた情報を Webサイト構造へと展開する手法についての知識 ◆情報の収集と分類　　◆情報の組織化　　◆Webサイト構造への展開
インタフェースと ナビゲーション	Webサイトとユーザの接点となるインタフェースのあり方や， ナビゲーション機能の考え方，利用方法についての知識 ◆ユーザインタフェース　　◆ナビゲーション ◆ナビゲーションデザインの手法
動きの効果	Webサイトにおいて，動きを使った表現を可能にしている技法と， その表現をユーザビリティの観点から見た場合の注意点についての知識 ◆動きの技法と表現　　◆動きを導入する際の注意点 ◆動画像コンテンツ
Webサイトを 実現する技術	Webサイトで提供され各種サービスを実現している技術や， Webサイト自体を支えている技術についての知識 ◆Webサイトを実現する技術の基礎　　◆Webサイト上の機能 ◆Webサイト制作に用いられる言語　　◆バックエンドで活用する技術
Webサイトの テストと運用	Webサイトのテストと評価方法，公開後の運用や保守，メンテナンス作業， リニューアルのための各種分析手法についての知識 ◆Webサイトのテスト　　◆Web解析 ◆Webサイトの運用　　◆Webサイトのリニューアル
知的財産権	知的財産権に関する基本的な考え方と，著作権についての知識 ◆知的財産権　　◆著作権 ◆産業財産権と不正競争防止法

Webデザイナー検定 ベーシック

Webサイトの企画・制作に関する基礎的な理解と, Webページ制作に知識を利用する能力を測ります.

Webデザインへの アプローチ	インターネットの歴史, Webの特性, Webサイトの種類, Webサイトの制作フローについての基礎知識 ◆Webデザインを学ぶ前に ◆さまざまなWebサービス　　◆Webサイトの制作フロー
コンセプトと情報設計	Webサイト制作における, コンセプトメイキング, 情報の組織化や構造化, さまざまな閲覧機器についての基礎知識 ◆コンセプトメイキング　　◆情報の収集・分類・組織化 ◆情報の構造化　　◆さまざまな閲覧機器
デザインと表現手法	Webサイト制作における, 文字や色, 画像の形式や編集, ナビゲーションとレイアウト, インタラクションについての基礎知識 ◆文字　　◆色　　◆画像　　◆インフォグラフィックス ◆ナビゲーション　　◆レイアウト　　◆インタラクション
Webページを 実現する技術	Webページを実現するための技術である, HTMLやCSS, Webページを制作するための手順についての基礎知識 ◆HTMLとCSSの学習準備 ◆HTMLの基礎　　◆CSSの基礎
Webサイトの 公開と運用	Webサイトの公開までのテストと修正, 公開後の評価と運用, Webサイトを利用していくうえでのセキュリティとリテラシ ◆テストと修正　　◆Webサイトの公開 ◆評価と運用　　◆セキュリティとリテラシ
知的財産権	知的財産権に関する基本的な考え方と, 著作権についての基礎知識

本書の構成

問題

CG-ARTSが実施した検定試験問題などを練習問題として再編し，ベーシック3回分の練習問題を掲載しています．

解説・解答

Webデザイナー検定ベーシックの検定問題についてより深く理解するため，取り外しができる「解説・解答」の小冊子を巻末に添付しています．

出題領域

問題がP.5の出題範囲一覧のどの領域に対応しているかを表記しています．

問題テーマ

どのようなテーマについて問う問題なのか表記しています．

解説

正解答を導くための考え方を各設問ごとに解説しています．

解答

正解答を表記しています．

Webデザイナー検定 ベーシック
練習問題1　解説・解答

第1問

● 出題領域：知的財産権
● 問題テーマ：知的財産権
● 解説
(1) 正解答は**ア**です．著作権法では，著作物の「許諾」について定めています（著作物の利用の許諾：著作権法第63条）．著作権者不明の場合は，文化庁長官の裁定を受けて利用することができます（著作権者不明等の場合における著作物の利用：著作権法第67条）．「契約」，「認証」の用語は著作権法にはありません．
(2) 正解答は**エ**です．私的使用の場合だけ許諾が不要です．ただし，こうして複製したものを私的使用の範囲外で使用する場合には，著作権者から許諾を得る必要があります．
(3) 正解答は**ア**です．同一性保持権は，著作者人格権の1つであり，自分の著作物の内容，題号を自分の意に反して勝手に改変されない権利です．
　ア：公表権は，著作者人格権の1つであり，未公表の自分の著作物を公表するかしないかを決定する権利です．
　イ：氏名表示権は，著作者人格権の1つであり，自分の著作物を公表するときに名前を表示するかしないか，表示する場合は実名か変名かを決定する権利です．
　エ：著作隣接権は，実演，レコード，放送を保護対象とするものです．
(4) 正解答は**ア**です．意匠法は，日用品の家具といった工業製品の形状である物品のデザインや，携帯電話の機能選択などの操作画像やアウトプットとしての表示画像などの画像デザインなどを保護の対象としています．保護期間は，2020年4月より出願日から25年に変更になりました．
　イ：実用新案法は，物品の形状，構造または組み合わせに関して考案の保護および利用を図ることにより，その考案を奨励し，それにより産業の発達に寄与することを目的としています．
　ウ：商標法は，産業の発達を目的とし事業者が商品またはサービスを他人のものと識別するために使用する商標を保護するものです．
　エ：特許法は，発明をした者に特別の権利（特許権）を与える代わりに，発明を公開させることにより産業の発展を促進させることを目的としています．

[解答：(1)ア　(2)エ　(3)ウ　(4)ア]

第2問

● 出題領域：コンセプトと情報設計
● 問題テーマ：情報の分類・組織化，構造化，さまざまな閲覧機器
● 解説
a：図1の領域Aは，位置による分類です．位置による分類とは，物理的，または概念的な位置によって分類する手法です．したがって，正解答は**ア**となります．
b：領域Bは，「花束・ブーケ」，「ドライフラワー」，「アレンジメント」などのカテゴリ別に分類されているため，カテゴリによる分類のルールで組織化されています．領域Cは，時間による分類によって組織化されています．領域Dは直接ナビゲーション，領域EはWebサイト内検索機能であり，情報の分類による組織化は考慮されていません．したがって，正解答は**ア**になります．
c：図2は，相互の情報が順序や分類などのルールにとらわれず，直接的に関連付けられている構造を示しています．これをハイパーテキスト型とよびます．したがって，正解答は**エ**になります．
d：図3は，レスポンシブウェブデザインの手法を表した図になります．レスポンシブウェブデザインとは，すべての機器に対して同じURL，HTMLファイル，CSSファイルを用いる手法です．閲覧機器が使用するWebブラウザの画面幅（ビューポート）を基準に，CSSの機能を用いて表示を切り替えます．現在，Webサイト閲覧に用いる機器は多様化しており，従来のPC表示画面に加えて，スマートフォンやタブレットなどのスマートデバイスの表示への対応も同時に求められます．ユーザビリティは使い勝手・使いやすさ，アクセシビリティはすべての使用者への利用しやすさ，ユーザセンタードデザインはユーザの視点に立ってデザインを行う考え方のことです．したがって，正解答は

2

（縦書きタブ）練習問題1　練習問題2　練習問題3

本試験の問題・解答・解答用紙

過去2回分の試験問題，解答，および解答用紙をWebサイトに掲載しています．実際の試験は解答用紙（マークシート）に記入する形式です．解答の記入にあたっては注意事項をよく読んで本番の参考としてください．

https://www.cgarts.or.jp/kentei/past/

Webデザイナー検定

ベーシック

練習問題1

第1問

　以下は，知的財産権に関する問題である．（1）〜（4）の問いに最も適するものを解答群から選び，記号で答えよ．

（1）以下の文章中の　　　　　　に適するものはどれか．

　他人の著作物をコピーしたりインターネットにアップロードしたりする場合，著作権法上原則として，権利者からその著作物の利用の　①　を得ることが必要である．

【解答群】
　　ア．許諾　　　　　　　イ．契約　　　　　　　ウ．裁定　　　　　　　エ．認証

（2）原則として，他人の著作物を権利者に無断で自由に利用すれば著作権侵害にあたる．ただし，著作権の権利制限規定として一定の条件を満たす場合には，自由に利用することができ権利侵害にはならない．複製利用についてこの条件を満たすものはどれか．

【解答群】
　　ア．営利を目的とするイベントで使うための利用．
　　イ．会社の仕事で使うための利用．
　　ウ．録画したテレビ番組をインターネットで配信するための利用．
　　エ．自分や家族で楽しむための私的利用．

（3）**図1**の画像の著作者はA氏で，SNSに掲載されたものである．B氏は，**図1**を加工・改変して**図2**の画像を作成した．B氏がこのような行為をする場合，最も配慮すべきA氏の権利はどれか．

図1

図2

【解答群】
　　ア．公表権　　　　　**イ**．氏名表示権　　　**ウ**．同一性保持権　　**エ**．著作隣接権

（4）以下の文章中の　　　　　　に適するものはどれか．

　X社では，新しい日用品の椅子を創作し，その形状(デザイン)について法的保護を受けたいと考えている．このとき適用される法律は　①　法であり，物品のデザインやGUIなど画像デザインなどを保護対象としている．

【解答群】
　　ア．意匠　　　　　　**イ**．実用新案　　　**ウ**．商標　　　　　　**エ**．特許

第2問

　以下は，情報の収集・分類・組織化および，情報の構造化とさまざまな閲覧機器に関する問題である．a～dの問いに最も適するものを解答群から選び，記号で答えよ．

a．図1の領域Aは，どのルールに従って分類された情報か．

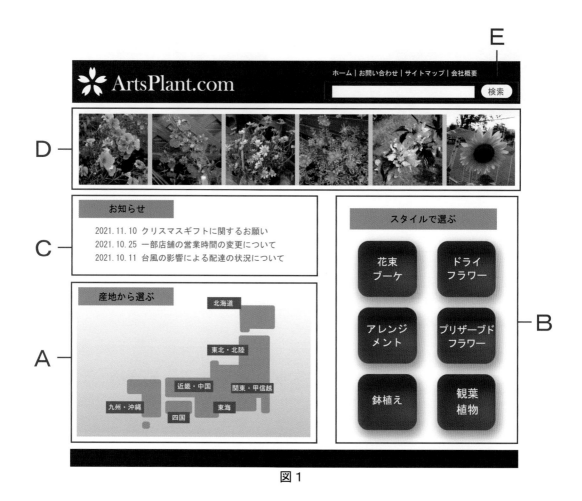

図1

練習問題 1

練習問題 2

練習問題 3

【解答群】
　ア．位置による分類　　　　　　　　　イ．連続量による分類
　ウ．時間による分類　　　　　　　　　エ．50音順による分類

b．設問aの図1の領域B～領域Eのうち，カテゴリによる情報の分類はどれか．

【解答群】
　ア．領域B　　　　　イ．領域C　　　　　ウ．領域D　　　　　エ．領域E

10

c．図2は，相互の情報が順序や分類などのルールにとらわれず，直接的に関連付けられた構造を示している．図2に該当する情報の構造化の型はどれか．

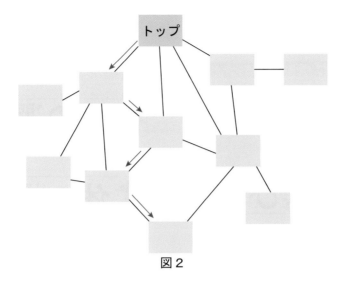

図2

【解答群】
　ア．リニア構造型　　　　　　　　　　　　イ．ツリー構造型
　ウ．ファセット構造型　　　　　　　　　　エ．ハイパーテキスト型

d．図3は，Webブラウザの画面幅（ビューポート）を基準に，それぞれ共通のURLとHTMLファイル，CSSファイルを使用し，CSSの記述によりさまざまなデバイスに適した表示方法に切り替える手法を表した図である．この手法を何とよぶか．

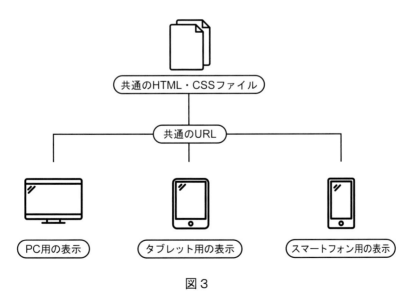

図3

【解答群】
　ア．ユーザビリティ　　　　　　　　　　　イ．アクセシビリティ
　ウ．レスポンシブウェブデザイン　　　　　エ．ユーザセンタードデザイン

第3問

　以下は，Webサイトで使用する文字，色，画像に関する問題である． a〜dの問いに最も適するものを解答群から選び，記号で答えよ．

a．図1〜図4の書体のうち，ゴシック体が適用されているものはどれか．

　　　　図1 　　　　　　　　　　　　　　　図2

　　　　図3 　　　　　　　　　　　　　　　図4

【解答群】
　　ア．図1　　　　　　イ．図2　　　　　　ウ．図3　　　　　　エ．図4

b．Webページに掲載する文字の書体（フォント）についての説明として，適切なものはどれか．

【解答群】
　　ア．欧文書体で文字のストロークの末端に飾りが付いている書体をサンセリフ体とよぶ．
　　イ．和文書体で文字の縦横の線の太さが一定の書体を明朝体とよぶ．
　　ウ．一般に，本文に適用する書体は読みやすさを考慮してゴシック体を適用する．
　　エ．CSSでserifなどの総称ファミリ名を指定した場合，閲覧者のパーソナルコンピュータなどにインストールされている適切な書体で表示される．

c．以下は，Webサイトに利用される画像フォーマットに関する説明である．画像フォーマットの名称の組み合わせとして，適切なものはどれか．

［説明］
①フルカラーを扱える画像フォーマットで，画像の一部を透過できる機能をもつ．
②256色までしか表現できないが，ファイルサイズを小さくできるため，アイコンなどの画像に適している．風景写真などのフルカラー画像には適していない．

【解答群】

	①	②
ア	GIF	PNG
イ	PNG	GIF
ウ	JPEG	PNG
エ	PNG	JPEG

d．トーン（色調）についての説明として，適切なものはどれか．

【解答群】
ア．色の鮮やかさの度合いのこと．
イ．色の明るさの度合いのこと．
ウ．赤，青，緑といったような色味の違いのこと．
エ．色の濃淡や明暗，強弱といったものを総合した色の見え方や感じ方のこと．

第4問

　以下は，画像の編集，インフォグラフィックスに関する問題である．　a ～ d の問いに最も適する
ものを解答群から選び，記号で答えよ．

a．図1の画像内の昆虫に対して，マスクによる切り抜きを適用した結果はどれか．

図1

【解答群】
ア．

イ．

ウ．

エ．

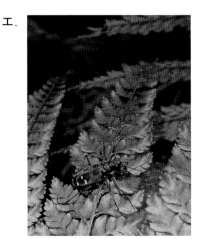

b. 図2は画像を補正する作業工程を示している．図2の〈1〉から〈2〉のように加工する処理の名称と，〈3〉および〈4〉のように画像を加工する際に使用する画像補正ツールの名称の組み合わせとして，適切なものはどれか．

〈1〉元画像

〈2〉画像の一部分を切り出す

〈3〉画像全体を明るくする

〈4〉画像全体のコントラストを強くする

図2

【解答群】

	〈1〉から〈2〉への処理	〈3〉および〈4〉で使用する画像補正ツール
ア	トリミング	トーンカーブ
イ	レタッチ	シャープネス
ウ	切り抜き	トーンカーブ
エ	圧縮	ポスタリゼーション

c. 図3は図4のトーンカーブである．画像の明度を上げるためにトーンカーブを操作して図4を図5のように変更したい．図3をどのように調整すればよいか．ただし，トーンカーブの原点は黒色で，原点から離れるほど白色に近くなるものとする．

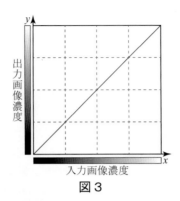

図3

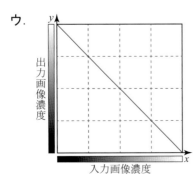
図4

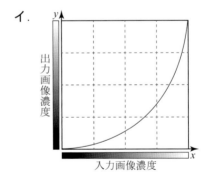
図5

【解答群】

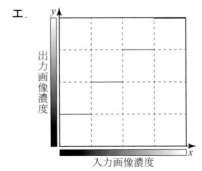

d． 図6はペットショップのWebサイト用に制作したボタン画像である．ボタンにはピクトグラムが使用されている．ピクトグラムについての説明として，適切なものはどれか．

図6

【解答群】
　ア．ピクトグラムはグラフィックスなどに言葉を添えて用いるため，ひと目で何を意味しているのか認識できなくてもよい．
　イ．ピクトグラムの表す意味内容が瞬時に伝わるよう，ピクトグラムの表現は写実的であればあるほどよい．
　ウ．ピクトグラムは言葉の代わりにグラフィックスなどを用いるため，文字要素を併用してはいけない．
　エ．言葉の代わりにグラフィックスなどを用いることで，直感的かつ迅速に情報を伝える役割をもつ．

第5問

　以下は，Webサイトにおけるナビゲーション，レイアウト，インタラクションに関する問題である．a〜dの問いに最も適するものを解答群から選び，記号で答えよ．

a．Webページにおけるナビゲーションやコンテンツ要素の配置方法のうち，左袖ナビゲーション型の説明として，適切なものはどれか．

【解答群】

　　ア．画面の上部にナビゲーションエリアを配置するため，コンテンツエリアの幅を広くとることができ，大きなビジュアル要素も配置できる．

　　イ．画面を左右に分割して，並べて配置するため，ナビゲーションの項目数が多くても効率的に配置できる．ECサイトのように，ナビゲーションで情報を絞り込んだところでコンテンツを閲覧し始める場合に適している．

　　ウ．画面の上部と左側にナビゲーションエリアを配置するため，大規模サイトの構造を一覧できる．

　　エ．2つのナビゲーションを組み合わせることで深い階層構造にも対応できるため，コンテンツ量が膨大なうえに分類が複雑なWebサイトにおいて情報を整理しやすい．

b．図1のナビゲーションのリンク構造の説明として，適切なものはどれか．

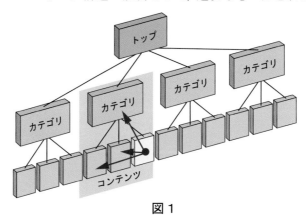

図1

【解答群】

　　ア．Webサイトの階層構造とは関係なく，関連性のある別のコンテンツへ直接移動できるナビゲーション．このナビゲーションによってユーザは関連するコンテンツに移動できるが，リンクが複雑になると迷子になる可能性が高くなるため，注意が必要である．

　　イ．検索エンジンなどからWebサイト内の下位階層に直接アクセスしてきた場合，このナビゲーションによって上位階層の構造が把握できる．

　　ウ．Webサイト全体を自在に移動するためのメニューや，トップページへのリンクが必要となる．Webサイト内のコンテンツのうち最上位階層の横移動を自由に行うことができる．

　　エ．Webサイト内の特定のコンテンツ内で利用されるナビゲーション．特定のカテゴリ内だけに配置し，ユーザはカテゴリ内のコンテンツと上位階層には移動できるが，異なるカテゴリには移動できない．

練習問題1　練習問題2　練習問題3

c. ユーザの操作を中断させて待たせる場合，**図2**のようなアニメーションを表示させることがある．このようなアニメーションを何とよぶか．

図2

【解答群】
    ア．ループアニメーション   **イ**．GIFアニメーション
    ウ．プログレスバー   **エ**．ポップアップ

d. **図3**は，Webページのレイアウトの例である．このWebページのレイアウトパターンを何とよぶか．

練習問題1

練習問題2

練習問題3

図3

【解答群】
    ア．シングルカラムレイアウト   **イ**．マルチカラムレイアウト
    ウ．グリッド型   **エ**．フルスクリーン型

第6問

　以下は，HTML文書の記述に関する問題である．a～dの問いに最も適するものを解答群から選び，記号で答えよ．なお，問題中のHTML文書は，解答に必要な部分のみを抜粋したものであり，HTML5以降のバージョンに準拠したものとする．

a．以下は，HTML文書の記述例である．このHTML文書についての説明として，適切でないものはどれか．

HTML文書

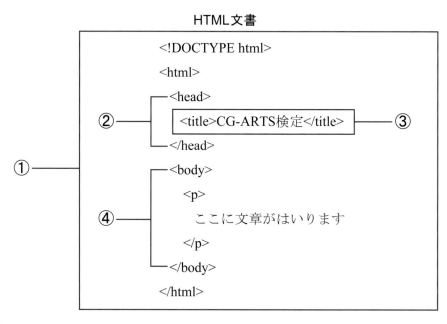

【解答群】
　ア．①のようにHTML文書全体をhtml要素として記述するが，文書型宣言は省略してもよい．
　イ．②をヘッダ部とよび，CSSファイルやJavaScriptファイルなどの外部ファイルへのリンク，HTML文書に関する各種情報を記述する．
　ウ．③のtitle要素によって，このHTML文書のタイトルを指定する．
　エ．④を本体部とよび，Webブラウザの画面に表示するコンテンツはここに記述する．

b．ハイパーリンクをHTML文書内に記述する方法として，適切なものはどれか．

【解答群】
　ア．<link="https://www.cgarts.or.jp/">CG-ARTS検定はこちら</link>
　イ．<a href="https://www.cgarts.or.jp/">CG-ARTS検定はこちら</a>
　ウ．<link rel="https://www.cgarts.or.jp/">CG-ARTS検定はこちら</link>
　エ．<a src="https://www.cgarts.or.jp/">CG-ARTS検定はこちら</a>

練習問題 1　練習問題 2　練習問題 3

c．HTML文書の記述において，画像「image.jpg」を表示し，さらに画像が表示できなかった場合に利用される代替テキストの記述方法として，適切なものはどれか．

【解答群】
ア．＜image src="image.jpg" type="画像"＞　イ．＜image src="image.jpg" alt="画像"＞
ウ．＜img src="image.jpg" type="画像"＞　　エ．＜img src="image.jpg" alt="画像"＞

d．図1のディレクトリの階層構造において，index.htmlには，photo.jpgの表示を指定するタグが書き込まれている．index.html内に，このphoto.jpgを相対パスで指定する場合，適切な記述はどれか．

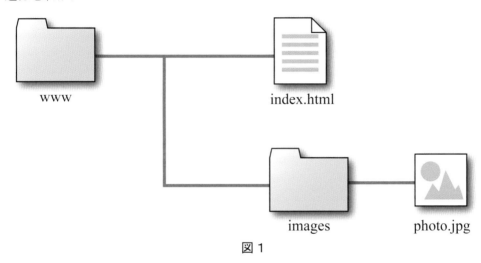

www　　index.html　　images　　photo.jpg

図1

【解答群】
ア．www/images/photo.jpg　　　　　　　イ．../images/photo.jpg
ウ．../../images/photo.jpg　　　　　　　　エ．images/photo.jpg

第7問

　以下は，HTML文書の記述に関する問題である．a〜dの問いに最も適するものを解答群から選び，記号で答えよ．なお，問題中のHTML文書は，解答に必要な部分のみを抜粋したものであり，HTML5以降のバージョンに準拠したものとする．

a．図1のような表示結果を得るためのHTML文書として，適切なものはどれか．なお，ここでは罫線を表示させる装飾のみ別に指定されており，罫線以外の装飾については何も指定されていないものとする．

図1

練習問題1　練習問題2　練習問題3

【解答群】

ア.
```
<table>
  <tr>
    <td>サンプル 1 </td><td>サンプル 2 </td>
  </tr>
  <tr>
    <td>サンプル 3 </td><td>サンプル 4 </td>
  </tr>
  <tr>
    <td>サンプル 5 </td><td>サンプル 6 </td>
  </tr>
</table>
```

イ.
```
<table>
  <tr>
    <td>サンプル 1 </td><td>サンプル 3</td><td>サンプル 5 </td>
  </tr>
  <tr>
    <td>サンプル 2 </td><td>サンプル 4 </td><td>サンプル 6 </td>
  </tr>
</table>
```

ウ.
```
<table>
  <title>
    <td>サンプル 1 </td><td>サンプル 2 </td>
  </title>
  <tr>
    <td>サンプル 3 </td><td>サンプル 4 </td>
  </tr>
  <tr>
    <td>サンプル 5 </td><td>サンプル 6 </td>
  </tr>
</table>
```

エ.
```
<table>
  <th>
    <td>サンプル 1 </td><td>サンプル 3 </td><td>サンプル 5 </td>
  </th>
  <th>
    <td>サンプル 2 </td><td>サンプル 4 </td><td>サンプル 6 </td>
  </th>
</table>
```

練習問題 1

練習問題 2

練習問題 3

b．form要素において，複数の選択肢から1つだけ選択をするためのコントロールをするinput
要素として，適切なものはどれか．

【解答群】

ア．＜input type="checkbox"＞   イ．＜input type="select"＞

ウ．＜input type="radio"＞   エ．＜input type="text"＞

c．以下のHTML文書のフォームで実現できることの説明として，適切なものはどれか．

HTML文書

```
<form method="post" action="register.cgi">
  <input type="checkbox" name="reason" value="1">チェック1<br>
  <input type="checkbox" name="reason" value="2">チェック2<br>
  <input type="submit" value="register">
</form>
```

【解答群】

ア．「submit」という文字が表記されているボタンが表示され，クリックするとWebサーバ上
で稼働している「register」というプログラムに情報が送信される．

イ．「register」という文字が表記されているボタンが表示され，クリックするとWebサーバ上
で稼働している「register」というプログラムに情報が送信される．

ウ．「submit」という文字が表記されているボタンが表示され，クリックするとWebサーバ上
で稼働している「post」というプログラムに情報が送信される．

エ．「register」という文字が表記されているボタンが表示され，クリックするとWebサーバ上
で稼働している「post」というプログラムに情報が送信される．

d．図2のような順序リストを作成するHTML文書として，適切なものはどれか．なお，装飾に関してはここでは考慮しないものとする．

```
1. 順序１
2. 順序２
3. 順序３
4. 順序４
```
図2

【解答群】

ア．
```
<ol>
 <li>順序１</li>
 <li>順序２</li>
 <li>順序３</li>
 <li>順序４</li>
</ol>
```

イ．
```
<ul>
 <li>順序１</li>
 <li>順序２</li>
 <li>順序３</li>
 <li>順序４</li>
</ul>
```

ウ．
```
<p>
 <li>順序１</li>
 <li>順序２</li>
 <li>順序３</li>
 <li>順序４</li>
</p>
```

エ．
```
<jl>
 <li>順序１</li>
 <li>順序２</li>
 <li>順序３</li>
 <li>順序４</li>
</jl>
```

第8問

　以下は，HTML文書およびCSSの記述に関する問題である．a〜dの問いに最も適するものを解答群から選び，記号で答えよ．なお，問題中のHTML文書は，解答に必要な部分のみを抜粋したものであり，HTML5以降のバージョンに準拠したものとする．

a．一般にWebサイトの制作時には，HTMLファイルとCSSファイルを分けて作成することが推奨されている．その理由として，適切でないものはどれか．

【解答群】
　　ア．HTML文書のデータとしての再利用性が高まる．
　　イ．装飾の修正，変更が容易になる．
　　ウ．さまざまな表示デバイスへの対応が容易になる．
　　エ．マルウェア(コンピュータウイルス)に感染した際，被害の拡大を防止する効果がある．

b．以下のHTML文書のdiv要素に，CSSを用いて装飾を行うためのセレクタはどれか．

HTML文書

```
<div id="contents">
  <p>コンテンツ</p>
</div>
```

【解答群】
　　ア．!contents　　　　イ．¥contents　　　　ウ．#contents　　　　エ．.contents

c．以下のHTML文書において，「段落1」の文字の色のみを緑色に装飾指定するCSSの記述はどれか．

HTML文書

```
<p class="group1">
  段落 1
</p>
<p id="section2">
  段落 2
</p>
```

【解答群】
　　ア．#section2{color: green;}　　　　　　イ．.section2{color: green;}
　　ウ．p{color: green;}　　　　　　　　　　エ．.group1{color: green;}

d．CSSを用いて左寄せ，中央揃えなどの文字の揃えを設定するプロパティはどれか．

【解答群】
　　ア．text-align　　　イ．text-decoration　　　ウ．font-height　　　エ．line-through

第9問

　以下は，HTML文書およびCSSの記述に関する問題である．　a～dの問いに最も適するものを解答群から選び，記号で答えよ．なお，問題中のHTML文書およびCSSは，解答に必要な部分のみを抜粋したものであり，HTML5以降のバージョンに準拠したものとする．

a．以下のHTML要素のうち，インラインボックスの要素が記述されたものはどれか．

【解答群】
　　ア．<div>こんにちは</div>
　　イ．<form><input type="text" placeholder="入力例"></form>
　　ウ．<a href="./top.html">トップページへ</a>
　　エ．<h1>企業情報</h1>

b．positionプロパティに値を指定しない場合，初期値として値に設定されるものはどれか．

【解答群】
　　ア．static　　　　　　イ．relative　　　　　　ウ．absolute　　　　　エ．fixed

c．同じFlexコンテナ内にあるFlexアイテムどうしの間隔を指定するために使用するプロパティとして，適切なものはどれか．

【解答群】
　　ア．margin　　　　　　イ．padding　　　　　　ウ．gap　　　　　エ．space

d．Flexアイテムの並ぶ向きは，flex-directionで指定することができる．flex-directionの値にrow-reverseを指定したものはどれか．

【解答群】

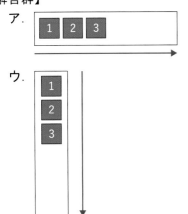

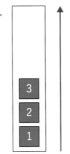

第10問

　以下は，Webサイトの公開と運用に関する問題である．　a～dの問いに最も適するものを解答群から選び，記号で答えよ.

a．年齢・利用環境の違いや，身体的制約の有無などに関係なく，誰でも必要とする情報に簡単にたどり着け，Webコンテンツを利用できる度合いを何とよぶか.

【解答群】
　　ア．アフィリエイト　　　　　　　　　イ．アクセシビリティ
　　ウ．セレクトコントロール　　　　　　エ．コンセプトメイキング

b．以下は，Webサイトのアクセス数のカウント方法についての説明である．文章中の ☐☐☐ に該当する用語の組み合わせとして，適切なものはどれか.

　　☐①☐ は，一定時間（期間）内にアクセスしたユーザ数をカウントする．　☐②☐ は，一定時間（期間）内にユーザがWebサイトを訪れた回数をカウントする.

【解答群】

	①	②
ア	コンバージョン	セッション数
イ	セッション数	ユニークユーザ数
ウ	ユニークユーザ数	コンバージョン
エ	ユニークユーザ数	セッション数

c．インターネット上で電子商取引を行うECサイトでは，クレジットカードの個人情報などを扱うため，通信内容を暗号化するのが一般的である．このとき用いられる通信プロトコルはどれか.

【解答群】
　　ア．SSL/TLS　　　　イ．DNS　　　　　ウ．ISP　　　　　エ．FQDN

d．コンピュータのセキュリティについての説明として，適切なものはどれか．

【解答群】
- **ア**．Webサーバとなるコンピュータにウイルス対策ソフトウェアをインストールすれば，LAN内のすべてのコンピュータのセキュリティは確保される．
- **イ**．インターネットに接続していなければ，電子メールの添付ファイルを開いても，マルウェア(コンピュータウイルス)に感染することはない．
- **ウ**．企業だけでなく，家庭のコンピュータにおいても，インターネットに接続する場合にはファイアウォール機能を稼働させるべきである．
- **エ**．インターネットに接続しなければマルウェア(コンピュータウイルス)に感染することはないため，ウイルス対策ソフトウェアは必要ない．

Webデザイナー検定

ベーシック

練習問題2

第1問

　以下は，知的財産権に関する問題である．（1）〜（4）の問いに最も適するものを解答群から選び，記号で答えよ．

（1）　著作権法の保護対象である著作物に該当するための要件として，正しいものはどれか．

【解答群】
　　　ア．経済性を有すること．　　　　　　**イ**．実用性を有すること．
　　　ウ．新規性を有すること．　　　　　　**エ**．創作性を有すること．

（2）　以下の文章中の　　　　　　に適するものはどれか．

　著作権の保護期間が満了すれば，著作物は許諾なしで自由に利用することができる．著作権の原則的保護期間は，著作物の　①　70年である．

【解答群】
　　　ア．公表から著作者の死後　　　　　　**イ**．創作から著作者の死後
　　　ウ．登録から　　　　　　　　　　　　**エ**．発売から

（3） ソングライターのA氏は，楽曲Xを作詞・作曲し，歌手のB氏がその楽曲Xを歌っている．
楽曲Xの著作権に関する説明として，正しいものはどれか．

【解答群】

ア．A氏の楽曲Xの著作権は，文化庁に登録することで発生する．

イ．A氏は，歌詞と曲が組み合わさった楽曲Xに対してのみに著作権を有しており，歌詞単
独について著作権はない．

ウ．B氏は，A氏の同意なく曲を変更することができない．

エ．B氏は，楽曲Xを歌っても歌手として権利を取得することはない．

（4） 産業財産権に該当しないものはどれか．

【解答群】

ア．意匠権 　　　　**イ**．商標権 　　　　**ウ**．著作権 　　　　**エ**．特許権

第2問

　以下は，情報の収集・分類・組織化および，情報の構造化とさまざまな閲覧機器に関する問題である．a～dの問いに最も適するものを解答群から選び，記号で答えよ．

a．図1の領域①には，あるルールに従って表示される作品画像のスライドショーが設置されている．このスライドショーに施されているルールを示した図はどれか．

練習問題1　練習問題2　練習問題3

図1

【解答群】

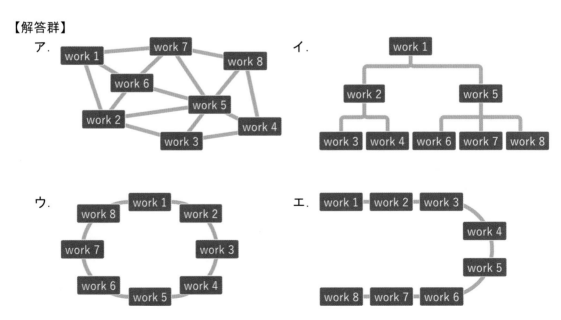

b．設問aの**図1**の領域Bに施された情報の分類はどれか．

【解答群】
　　ア．連続量による分類　　　　　　　イ．時間による分類
　　ウ．位置による分類　　　　　　　　エ．カテゴリによる分類

c．設問aの**図1**の領域A～領域Eのうち，時間による分類が施されている領域はどれか．

【解答群】
　　ア．領域B　　　　　　　　　　　　イ．領域Dと領域E
　　ウ．領域D　　　　　　　　　　　　エ．領域Aと領域Cと領域D

d．**図2**は，画面上部に1つだけメニューボタンを設けておき，それ以外の画面すべてをコンテンツエリアとして使用する配置である．メニューをタップするとナビゲーションエリアが下位のナビゲーション要素によって書き換わるかたちで階層構造をもったナビゲーションを実現することが可能である．このナビゲーションを何とよぶか．

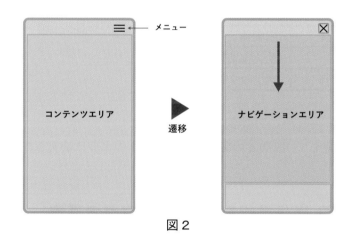

図2

【解答群】
　　ア．スライド　　　　　　　　　　　イ．タブ
　　ウ．アコーディオン　　　　　　　　エ．ドロップダウン

第3問

　以下は，Webサイトで使用するための文字，色に関する問題である．　a〜dの問いに最も適するものを解答群から選び，記号で答えよ．

a．図1の見出し，本文に用いられている書体の組み合わせとして，適切なものはどれか．

練習問題1

見出し　**第xx回　画像情報教育研究会　発表者募集**

本文　第 xx 回　画像情報教育研究会を開催いたします。同研究会は、大学・短大・専門学校・高専・高校等で教鞭をとられている先生方や、企業内教育に取り組まれているご専門家を対象に、教育研究・教育事例・教材開発・評価方法に関する発表・意見交換・情報収集をしていただく場として年に1度開催しています。

図1

【解答群】

練習問題2
練習問題3

	見出し	本文
ア	明朝体	ゴシック体
イ	ゴシック体	明朝体
ウ	セリフ体	サンセリフ体
エ	ゴシック体	ゴシック体

b．読みやすさを考慮して，設問aの図1を調整し図2のように変更した．調整されたものはどれか．

第xx回　画像情報教育研究会　発表者募集

第 xx 回　画像情報教育研究会を開催いたします。同研究会は、大学・短大・専門学校・高専・高校等で教鞭をとられている先生方や、企業内教育に取り組まれているご専門家を対象に、教育研究・教育事例・教材開発・評価方法に関する発表・意見交換・情報収集をしていただく場として年に1度開催しています。

図2

【解答群】

　ア．字間　　　　　　　イ．タイプフェイス　ウ．禁則処理　　　　エ．行間

c．以下は，Webサイトにおける配色についての説明である．文章中の[   ]に適するものの組み合わせはどれか．

　配色には，おもに3つの異なる役割をもつ要素がある．[①]は，最も面積を占める色で，背景色などがこれにあたる．[②]は，デザインの主役となる色で，[③]は，デザインの全体を引き締めたり，目を引いたりする色である．

【解答群】

	①	②	③
ア	メインカラー	ベースカラー	アクセントカラー
イ	アクセントカラー	メインカラー	ベースカラー
ウ	ベースカラー	アクセントカラー	メインカラー
エ	ベースカラー	メインカラー	アクセントカラー

d．カラー印刷で用いられる基本の色として，適切なものはどれか．

【解答群】
　　ア．加法混色の三原色（RGB）と白（W）である．
　　イ．減法混色の三原色（RGB）と黒（K）である．
　　ウ．加法混色の三原色（CMY）と白（W）である．
　　エ．減法混色の三原色（CMY）と黒（K）である．

練習問題1

練習問題2

練習問題3

第4問

　以下は，画像の編集，インフォグラフィックスに関する問題である．　a〜dの問いに最も適するものを解答群から選び，記号で答えよ．

a．図1のトーンカーブを図3，ヒストグラムを図4に示す．図1を図2のように調整する場合，図3のトーンカーブをどのように変更すればよいか．ただし，トーンカーブの原点は黒色で，原点から離れるほど白色に近くなるものとする．

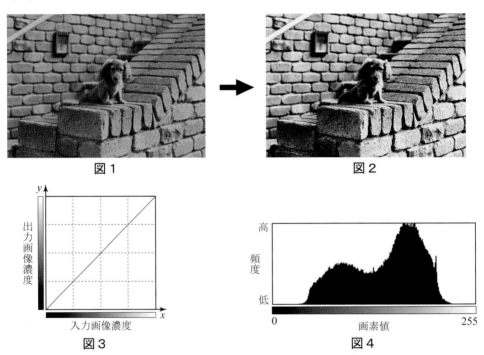

図1　　　　　　　　　　　図2

図3　　　　　　　　　　　図4

【解答群】

ア.

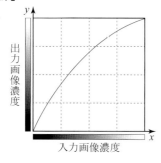

イ.

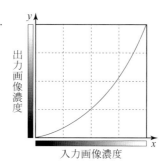

ウ.

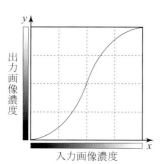

エ.

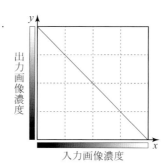

b．設問aの**図2**のヒストグラムはどれか．

【解答群】

ア.

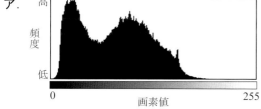

イ.

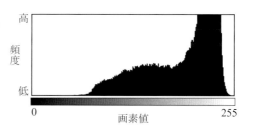

ウ.

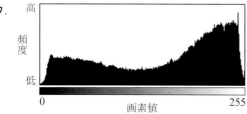

エ.

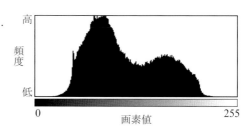

c. 以下は, 画像編集に関する説明である. 文章中の [　　　] に適するものの組み合わせはどれか.

　画像内の必要な部分を切り出す加工を [　①　] とよび, 画像をより美しく見せるために色の濃度, コントラストを変更する際は, トーンカーブを利用して補正を行うこともある. このようにさまざまな加工や補正, 編集を画像に施すことを [　②　] とよぶ.

【解答群】

	①	②
ア	レタッチ	トリミング
イ	レタッチ	マスク
ウ	トリミング	レタッチ
エ	トリミング	マスク

d. ピクトグラムについての説明として, 適切でないものはどれか.

【解答群】
　　ア. 言葉の代わりに画像などを用いて直感的に情報を伝えるものをピクトグラムとよぶ.
　　イ. メールのアイコンや買い物かごなどのアイコンもピクトグラムである.
　　ウ. ピクトグラムはひと目でその内容がわかるようにデザインし, また, ほかのピクトグラムと明確に区別がつくようにデザインすることが望ましい.
　　エ. ピクトグラムはひと目でその内容がわかるものであるため, どのようなピクトグラムであっても文字による補完は必要ない.

第5問

　以下は，Webサイトにおけるナビゲーション，レイアウト，インタラクションに関する問題である．a～dの問いに最も適するものを解答群から選び，記号で答えよ．

a．図1は，あるナビゲーションのリンク構造を示したものである．このリンク構造の説明として，適切なものはどれか．

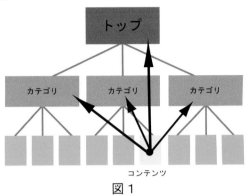

図1

【解答群】
　　ア．Webサイト内の特定コンテンツ内で利用されるナビゲーションである．同一コンテンツ間をユーザが自在に移動するためのもので，ローカルナビゲーションとよぶ．
　　イ．Webサイト内で閲覧中のページの上位階層を表示し，現在の位置情報を示すナビゲーションで，これをパンくずリストとよぶ．
　　ウ．Webサイトの階層構造とは関係なく，関連性のある別のコンテンツへ直接移動するもので，直接ナビゲーションとよぶ．
　　エ．Webページ上で同じ位置にレイアウトされるナビゲーションである．Webサイト全体を自在に移動するためのメニューや，トップページへのリンクが配置される．これをグローバルナビゲーションとよぶ．

b．図2は，Webページにおけるナビゲーションやコンテンツ要素を配置したものである．図2のような配置方法を何とよぶか．

図2

【解答群】
　　ア．上部ナビゲーション型　　　　　　イ．両袖型
　　ウ．左袖ナビゲーション型　　　　　　エ．逆L字ナビゲーション型

c. 図3～図6は，代表的なWebページのレイアウトパターンの例である．図3～図6のレイアウトパターンの名称の組み合わせとして，適切なものはどれか．

図3

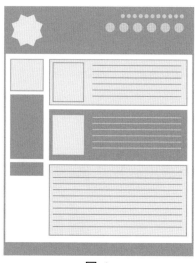

図4

図5

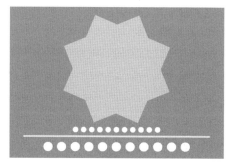

図6

【解答群】

	図3	図4	図5	図6
ア	グリッド型	マルチカラムレイアウト	シングルカラムレイアウト	フルスクリーン型
イ	シングルカラムレイアウト	マルチカラムレイアウト	グリッド型	フルスクリーン型
ウ	シングルカラムレイアウト	マルチカラムレイアウト	フルスクリーン型	グリッド型
エ	シングルカラムレイアウト	グリッド型	マルチカラムレイアウト	フルスクリーン型

d. 図7は，架空のスポーツジムのWebサイトのヘッダ部分であり，赤枠部分にマウスを重ねるとメニューが表示された．このような手法を何とよぶか．

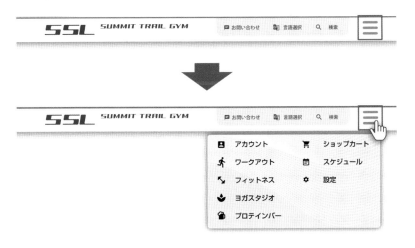

図7

【解答群】
　ア．プログレスバー　　　　　　　　　イ．マウスオーバ
　ウ．セレクトメニュー　　　　　　　　エ．ハンバーガーメニュー

第6問

　以下は，HTML文書の記述に関する問題である．　a〜dの問いに最も適するものを解答群から選び，記号で答えよ．　なお，問題中のHTML文書は，解答に必要な部分のみを抜粋したものであり，HTML5以降のバージョンに準拠したものとする．

　a．HTMLにおけるtitle要素は，HTML文書内のどの位置に記述されるのが適切か．

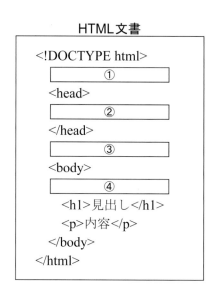

HTML文書

```
<!DOCTYPE html>
        ①
<head>
        ②
</head>
        ③
<body>
        ④
    <h1>見出し</h1>
    <p>内容</p>
</body>
</html>
```

【解答群】
　　ア．①　　　　　　　　イ．②　　　　　　　　ウ．③　　　　　　　　エ．④

　b．Webページ内の「こちら」という文字をクリックすると，同じWebページ内の「Webデザイン」という見出しの位置に移動するようにしたい．このときのリンク先となる要素に記述するものとして，適切なものはどれか．

【解答群】
　　ア．<a href="#webdesign">こちら</a>　　　　イ．<a href="#webdesign">Webデザイン</a>
　　ウ．<h2 id="webdesign">こちら</h2>　　　　エ．<h2 id="webdesign">Webデザイン</h2>

c. 図1は，架空のWebサイトのディレクトリの階層構造を示している．index.htmlには，赤い枠で示されたcompany.jpgの表示を指定するタグが書き込まれている．company.jpgを相対パスで指定する場合，適切な記述はどれか．

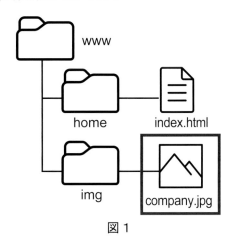

図1

【解答群】

ア．https://cgarts.or.jp/img/company.jpg

イ．https://cgarts.or.jp/home/img/company.jpg

ウ．home/img/company.jpg

エ．../img/company.jpg

d. Webブラウザに以下のような文章を表示するためのHTMLの記述として，適切なものはどれか．

表示結果

見出しの作成には\<h1\>を用いる．

【解答群】

ア．見出しの作成には <h1> を用いる．

イ．見出しの作成には \<h1\> を用いる．

ウ．見出しの作成には #lt;h1#gt; を用いる．

エ．見出しの作成には "<"h1">" を用いる．

練習問題1

練習問題2

練習問題3

第7問

　以下は，HTML文書の記述に関する問題である．a〜dの問いに最も適するものを解答群から選び，記号で答えよ．なお，問題中のHTML文書は，解答に必要な部分のみを抜粋したものであり，HTML5以降のバージョンに準拠したものとする．

a．Webブラウザで表示した場合，図1のような表示結果を得るためのHTML文書はどれか．なお，装飾に関してはここでは考慮しないものとする．

```
1. 野菜を切る
2. 炒める
3. 皿に盛る
```

図 1

【解答群】

ア．
```
<ol>
  <li>野菜を切る</li>
  <li>炒める</li>
  <li>皿に盛る</li>
</ol>
```

イ．
```
<ul>
  <li>1. 野菜を切る</li>
  <li>2. 炒める</li>
  <li>3. 皿に盛る</li>
</ul>
```

ウ．
```
<ul>
  <li>野菜を切る</li>
  <li>炒める</li>
  <li>皿に盛る</li>
</ul>
```

エ．
```
<ol>
  <li>1. 野菜を切る</li>
  <li>2. 炒める</li>
  <li>3. 皿に盛る</li>
</ol>
```

b．HTMLのform要素を用いたフォームのみでは制作できない機能はどれか．

【解答群】
　　ア．登録ボタンやキャンセルボタンなどを制作する．
　　イ．数文字から数十文字の短い文章を入力するためのエリアを制作する．
　　ウ．フォームに入力した情報を処理するWebサーバ上のプログラムを指定する．
　　エ．マウスカーソルを重ねると，説明のための画像が現れるポップアップを制作する．

ｃ．Webサイト制作についての説明として，適切でないものはどれか．

【解答群】

　　ア．Webページは，一般的なテキストエディタを用いて直接タグを記述することで制作可能であり，必ずしも専用ソフトウェアを必要としない．

　　イ．HTMLエディタを用いれば，GUI環境で完成イメージを確認しながら制作できるが，Webブラウザでの表示イメージとは異なる場合があるため注意が必要である．

　　ウ．プルダウンメニューやフォームのエラー処理などは，HTMLやJavaScriptだけで実現できないため，プラグインを利用して実現する．

　　エ．完成したWebページは，Webサーバにアップロードして公開するのが一般的である．

ｄ．HTML文書で表を作成するためのtable関連要素の説明として，適切なものはどれか．

【解答群】

　　ア．tr要素はセルを，td要素は行を作成するために用いられる．

　　イ．tr要素は行を，td要素はセルを作成するために用いられる．

　　ウ．th要素とtd要素はともにセルを定義するものであり，とくに使い分ける必要はない．

　　エ．table要素で作成した表の罫線などの装飾は自動的に行われる．

練習問題
1

練習問題
2

練習問題
3

第8問

　以下は，HTML文書およびCSSの記述に関する問題である．　a〜dの問いに最も適するものを解答群から選び，記号で答えよ．　なお，問題中のHTML文書は，解答に必要な部分のみを抜粋したものであり，HTML5以降のバージョンに準拠したものとする．

a．CSSの内容をHTML文書に反映させるために，HTML文書のhead要素内に以下のように記述した．ここで関係付けたいCSSのファイル名として，適切なものはどれか．

HTML文書

<link rel="stylesheet" type= "text/css" href= "basic.css">

【解答群】
　　ア．stylesheet.html　　　　　　　　イ．text.css
　　ウ．css.html　　　　　　　　　　　　エ．basic.css

b．CSSを記述する際の書式として，適切なものはどれか．

【解答群】

ア．
```
セレクタ {
    プロパティ: 値;
}
```

イ．
```
プロパティ {
    セレクタ: 値;
}
```

ウ．
```
宣言 {
    プロパティ: 値;
}
```

エ．
```
セレクタ {
    宣言: 値;
}
```

c．以下のCSSが示す内容の説明として，適切なものはどれか．

CSS

```
body{
    font-size: 12pt;
}
p{
    line-height: 200%;
}
```

【解答群】

ア．body要素のなかで，すべての行間が文字サイズの2倍の値に指定される．

イ．body要素のなかで，すべての文字サイズが24ptに指定される．

ウ．p要素のなかで，行間の値が24ptに指定される．

エ．p要素のなかで，文字のサイズが2倍の値に指定される．

d．以下のHTML文書に対して，CSS内で文字色とスタイルの指定を行った．これをWebブラウザで表示した場合に見られる結果の説明として，適切なものはどれか．

HTML文書

```
<body>
    <h1 class= "emphasize">見出し</h1>
    <p>
      本文・・・・
    </p>
</body>
```

CSS

```
body{
    color: gray;
    text-align: left;
  }
.emphasize{
    color: red;
    text-align: center;
}
```

【解答群】

ア．見出し・本文ともに，「灰色・左寄せ」で表示される．

イ．見出し・本文ともに，「赤色・左寄せ」で表示される．

ウ．見出しは「灰色・左寄せ」，本文は「赤色・中央揃え」で表示される．

エ．見出しは「赤色・中央揃え」，本文は「灰色・左寄せ」で表示される．

第9問

　以下は，HTML文書およびCSSの記述に関する問題である．　a～dの問いに最も適するものを解答群から選び，記号で答えよ．なお，問題中のHTMLおよびCSSは，解答に必要な部分のみを抜粋したものであり，HTML5以降のバージョンに準拠したものとする．

a．HTML要素には，positionプロパティと併用してHTML要素の位置を指定することができるプロパティがある．この基準となるHTML要素の表示位置から，下辺の距離を指定するために使用するものはどれか．

【解答群】
　　ア．under　　　　　　イ．base　　　　　　ウ．bottom　　　　　　エ．foot

b．Flexboxでは通常，Flexアイテムの幅を圧縮してFlexコンテナ内に1行に収まるように表示される．このFlexアイテムの幅を変えずに複数行に折り返して並べる場合に使用するためのプロパティはどれか．

【解答群】
　　ア．flex-direction　　イ．flex-wrap　　　ウ．justify-content　　エ．align-items

練習問題 1　練習問題 2　練習問題 3

c. 以下の，HTML文書とCSSを用いた際に，Webブラウザ上で表示されるものはどれか.

HTML文書

```
<div class="container">
  <div class="block">A</div>
  <div class="block">B</div>
  <div class="block">C</div>
</div>
```

CSS

```
.block{
  width: 100px;
  height: 100px;
  margin: 5px;
  background-color: orange;
  display: inline-block;
}
```

【解答群】

ア.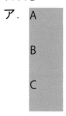

イ. A　B　C

ウ.

エ.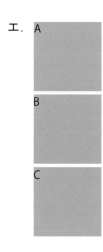

d. 以下のHTML文書とCSSを用いた際に，Webブラウザ上で表示されるものはどれか．なお，Webブラウザに読み込まれる背景画像のサイズは，縦横250pxとする．

HTML文書	CSS

<div class="background">
</div>
	.background{
	  width: 500px;
	  height: 500px;
	  margin: 200％ ;
	  border: 1px solid #666;
	  background: url(./background.jpg);
	}

【解答群】

ア.
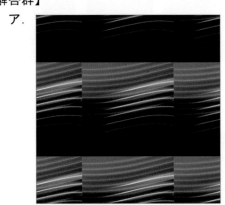

イ.

ウ.
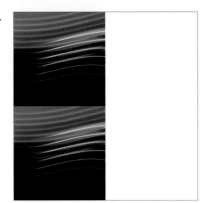

エ.
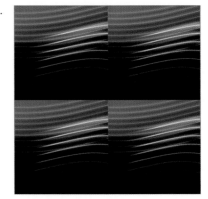

第10問

　以下は，Webサイトの公開と運用に関する問題である．　a～dの問いに最も適するものを解答群から選び，記号で答えよ．

a．表1は，Webサイトのテストにおけるテスト項目と，おもな確認事項の一部を表している．
　　表1中の　　　　　に適するものの組み合わせはどれか．

表1

テスト項目	実際の作業	おもな確認事項
動作	制作したWebサイトを一通り閲覧する．	①
パフォーマンス	Webサーバにアップロードした Web サイトを一通り閲覧する．	②

【解答群】

	①	②
ア	テキストの表示結果に現れる差異を確認する．	CSSやJavaScript実行時に発生する解釈の違いを確認する．
イ	想定されるアクセス状況において，求められる応答速度が得られるか確認する．	ロールオーバ，セレクトメニュー，プルダウンメニューなどの動作を確認する．
ウ	アップロード後にファイル名を変更したWebページへのリンクなど，修正が発生したWebページを重点的に確認する．	想定されるアクセス状況において，求められる応答速度が得られるか確認する．
エ	ロールオーバ，セレクトメニュー，プルダウンメニューなどの動作を確認する．	テキストの表示結果に現れる差異を確認する．

b. 公開したWebサイトをできるだけ多くの人に見てもらうためには，検索サイトの検索結果において，より上位に表示されるようにするとよい．そのための技術，あるいは施策はどれか．

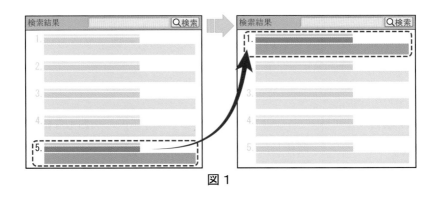

図1

【解答群】
　　ア．DOM　　　　　　イ．SSL/TLS　　　　ウ．ISP　　　　　　エ．SEO

c. Webサイト利用者への配慮につながるアクセシビリティ向上の対応として，適切なものはどれか．

【解答群】
　　ア．バナー広告を点滅させ，購買意欲を刺激するようにする．
　　イ．Webサイト内でのスクロール操作を少なくするため，コンテンツ内の文字サイズを小さくし，固定する．
　　ウ．インタラクティブ要素を強めるため，マウスオーバによって展開するコンテンツに限定する．
　　エ．画像には適切な代替テキストを記述し，音声読み上げソフトウェアに対応させる．

d. ネットワークにおけるファイアウォールの説明として，適切なものはどれか．

【解答群】
　　ア．家庭環境では，ブロードバンドルータのみでしかファイアウォールを設定できない．
　　イ．家庭で使用するパーソナルコンピュータの場合，ファイアウォール機能は必要ない．
　　ウ．インターネットに接続したネットワークにおいて，ファイアウォールは外部からの不正なアクセスのみでなく，内部からの不正なアクセスを外に流れないように遮断することもできる．
　　エ．ファイアウォールは重要な情報が保存されたサーバ群に対して，外部からの不正なアクセスを防ぐためだけに使用される．

Webデザイナー検定

ベーシック

練習問題3

第1問

　以下は，著作物の利用に関する先生と学生の会話である．（1）～（4）の問いに最も適するものを解答群から選び，記号で答えよ．

[先生と学生の会話]
　先　生：「皆さん，自分の好きな素材を利用してWebページをつくってみましょう．もし，他人の著作物を素材として利用する場合は，①著作権侵害とならないように，その著作物の著作者や著作権者の許諾が必要ですよ」

　学生A：「僕は，Bさんが撮影した②写真を借りてWebページを作成し，インターネットで公表したいと思っています」

　先　生：「Aさんは，Bさんが撮影した写真を使うとき，Webページ上でどのように使うかなどをBさんとよく話し合うことが大切です．Bさんには，③写真の部分使用（トリミング）を認めるかどうか，自分の名前を表示するかどうかについて決める権利がありますから，注意してください」

　学生B：「トリミングなどしないで，そのまま掲載するならよいです．それから私の名前は出さないでくださいね」

　学生C：「先生，私は好きな作家の小説の一部を利用したWebページをつくりたいと思います」

　先　生：「昔の小説であれば，④著作権の保護期間の満了によって，著作権者の許諾がなくても利用できる著作物もありますね．また，引用というかたちをとれば許諾を得ずに著作物を利用できる場合もあります．その際は，引用する方法に気をつけましょう」

（1）下線部①に関して，著作権法の保護対象に関する説明として，正しいものはどれか．

【解答群】
　ア．創作者が頭のなかで考えている思想や，頭のなかで抱いている感情が，著作権の保護対象になる．
　イ．創作性があり，具体的に外部に表現されたものが，著作権の保護対象になる．
　ウ．著作権の保護対象は著作物であるが，著作物にはいろいろなものがあるため，著作物が何であるかは，著作権法ではとくに定義されていない．
　エ．利用したい素材が単なる数字の羅列のようなデータの場合でも，経済的に価値があるものは，著作物として保護対象になる．

（2）下線部②に関して，写真の著作物の利用において，著作権法上，著作権侵害のおそれがないものはどれか．

【解答群】
　　ア．利用する写真の著作物が，すでに写真集として出版されている場合．
　　イ．写真の著作物の利用について，著作権者からの許諾を得ている場合．
　　ウ．写真の著作物をスキャンなどでパーソナルコンピュータに取り込み，ディジタルデータとして利用する場合．
　　エ．写真の著作物が，会社などで職務上作成された職務著作である場合．

（3）下線部③における，著作者がもつ著作者人格権の権利として，適するものはどれか．

【解答群】
　　ア．複製権と翻案権　　　　　　　　　イ．展示権と公衆送信権
　　ウ．同一性保持権と氏名表示権　　　　エ．翻案権と公表権

（4）下線部④に関して，著作物の保護期間が経過し，著作権が消滅した著作物に関する説明として，正しいものはどれか．

【解答群】
　　ア．著作物は，国有財産となる．
　　イ．著作物は，公共財(パブリックドメイン)となる．
　　ウ．著作物は，著作者の相続人の財産となる．
　　エ．著作物は，著作権管理団体の財産となる．

第2問

　以下は，コンセプトメイキング，情報の収集・分類・構造化とさまざまな閲覧機器に関する問題である． a～dの問いに最も適するものを解答群から選び，記号で答えよ．

a．図1～図4は，Webサイトの情報を構造化した図である．情報の構造化の説明として，適切なものはどれか．

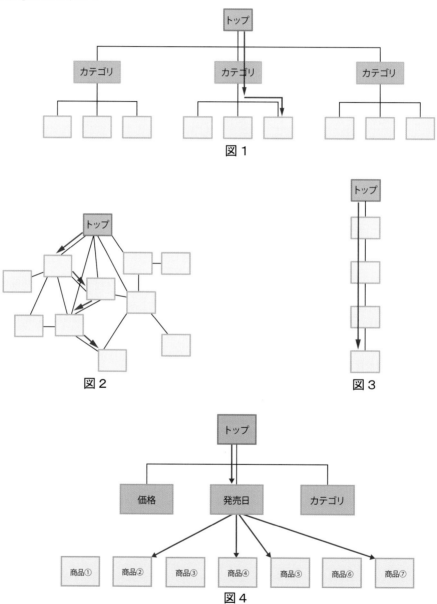

図1

図2

図3

図4

【解答群】
　　ア．図1のような構造化のことを，サイトマップ型とよぶ．
　　イ．図2のような構造化のことを，ツリー構造型とよぶ．
　　ウ．図3のような構造化のことを，リニア構造型とよぶ．
　　エ．図4のような構造化のことを，ハイパーテキスト型とよぶ．

練習問題1 練習問題2 練習問題3

b．コンセプトメイキングについての説明として，適切でないものはどれか．

【解答群】

　　ア．コンセプトメイキングでは，まず目的を考えることが必要である．

　　イ．Webサイトはなるべく多くの人にアクセスしてほしいため，つねにターゲット層は広く設定するほうがよい．

　　ウ．コンセプトを明確に定めておかないと，Webサイト内の統一感が損なわれる危険性がある．

　　エ．Webサイト制作の予算は，目的を達成したときに得られるメリットに見合っているかどうかを考慮して決定する．

c．ECサイトで商品を売り上げの多い順に並べたページは，どの方法で情報を分類・組織化しているか．

【解答群】

　　ア．位置　　　　　　**イ**．時間　　　　　　**ウ**．カテゴリ　　　　**エ**．連続量

練習問題 1

練習問題 2

練習問題 3

d．レスポンシブウェブデザインの手法による情報の提供の特徴を表したものはどれか．

【解答群】

ア．
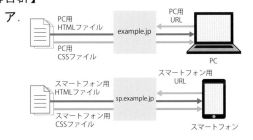

イ．
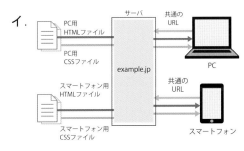

ウ．
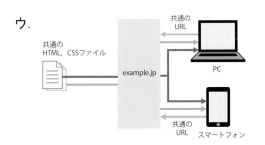

エ．
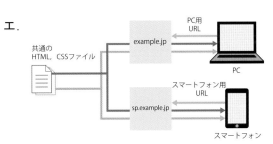

第3問

　以下は，Webサイトで使用するための文字，色，画像に関する問題である．ａ～ｄの問いに最も適するものを解答群から選び，記号で答えよ．

ａ．以下の文章は，文字の高さや行間について述べたものである．[　　　　　]に適するものの組み合わせはどれか．

　行間が狭すぎると，文書を読む際に文字を目で追いづらく，決して読みやすいとはいえないため，行間の調整は重要である．Webサイト制作において，確実に意図どおりの行間にするには[　①　]の[　②　]プロパティを使用することで行間を調節することができる．

【解答群】

	①	②
ア	HTML	line-height
イ	CSS	line-height
ウ	CGI	letter-spacing
エ	SQL	letter-spacing

ｂ．図１〜図３は，色の三属性を示したものである．図１〜図３の属性の組み合わせとして，適切なものはどれか．

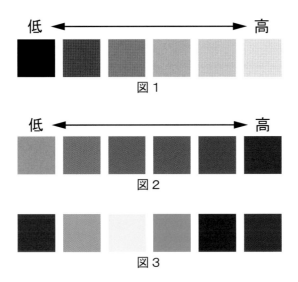

低 ⟷ 高

図1

低 ⟷ 高

図2

図3

【解答群】

	図１	図２	図３
ア	明度	彩度	色相
イ	色相	彩度	明度
ウ	明度	色相	彩度
エ	彩度	明度	色相

ｃ．以下の文章中の □ に適するものの組み合わせはどれか．

　色は特別な感情や印象と結びつく場合があり，色による温度の印象はその一例である．一般に図４のような色は □①□ とよばれ，図５のような色は □②□ とよばれる．

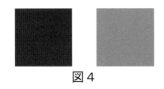

図4

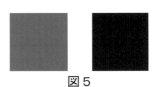

図5

【解答群】

	①	②
ア	暖色	寒色
イ	寒色	暖色
ウ	中性色	補色
エ	補色	中性色

d．Webサイトで使用される画像素材のファイルフォーマットについての説明として，適切なものはどれか．

【解答群】

　ア．JPEGは，高い圧縮によってデータ量を軽くすることができるが，256色までしかサポートしていない．

　イ．SVGは，ラスタ形式の画像ファイル形式のため，拡大や縮小をすると画質が劣化する．

　ウ．PNGは，画像の一部を透過させることができるが，フルカラー（約1,677万色）で表現することはできない．

　エ．GIFは，画像の一部を透過でき，複数の画像を1つにまとめて動画像として表示するGIFアニメーションとよばれる機能がある．

第4問

　以下は，画像の編集，インフォグラフィックスに関する問題である．ａ～ｄの問いに最も適するものを解答群から選び，記号で答えよ．

ａ．図1の画像に対して，トリミングを施したものはどれか．

図1

【解答群】

ア．

イ．

ウ．

エ．

練習問題 1

練習問題 2

練習問題 3

b．図2を図3のように加工した．どのような加工を施したか．

図2　　　　　　　　　　　図3

【解答群】
　　ア．明るさを上げた．　イ．明るさを下げた．　ウ．彩度を高くした．　エ．彩度を低くした．

c．図4の画像のトーンカーブを調整した．図5は調整前，図6は調整後のトーンカーブである．調整後のトーンカーブによって，図4の画像はどのように変化したか．ただし，トーンカーブの原点は黒色で，原点から離れるほど白色に近くなるものとする．

図4

図5　　　　　　　　　　　図6

【解答群】
　　ア．画像全体が明るくなった．　　　　　イ．画像全体が暗くなった．
　　ウ．画像全体の彩度が高くなった．　　　エ．画像全体のコントラストが強くなった．

ｄ．ピクトグラムとダイヤグラムについての説明として，適切でないものはどれか．

【解答群】

　ア．ピクトグラムでは何を意味しているのかを瞬時に伝えることよりも，複雑な情報を正確に伝えることが重視される．

　イ．ピクトグラムは，図7のように，言語の代わりにグラフィックスなどを用いて情報を伝えるものである．

　ウ．表をデザインする際には，図8のように行ごとに色を変える，列では文字や数値を揃えるなどの工夫をすることでデータが認識しやすくなる．

　エ．グラフは，数値間の割合の変化や時間の経過による数値の変化などを視覚的に表すことができる．

図7

地域	配送料	お届けまでの期間
東京23区内	500円	翌営業日
300km以内	800円	翌営業日
500km以内	800円	2営業日

図8

第5問

　以下は，Webサイトにおけるナビゲーション，レイアウト，インタラクションに関する問題である．a〜dの問いに最も適するものを解答群から選び，記号で答えよ．

a．図1は，パーソナルコンピュータ（PC）とスマートフォンの表示領域の例を表している．Webブラウザの画面幅（ビューポート）を基準に，それぞれの閲覧機器に適した表示方法に切り替える手法を何とよぶか．

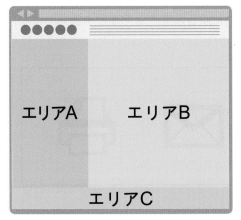
PCなどビューポートが広い場合

スマートフォンなど
ビューポートが狭い場合

図1

【解答群】
　ア．マルチカラムレイアウト　　　　　イ．レスポンシブウェブデザイン
　ウ．ユーザセンタードデザイン　　　　エ．ユーザビリティ

b. 図2のように，ユーザが必要とするメニューの表示，非表示をユーザ自身が選択できるナビゲーションを何とよぶか．

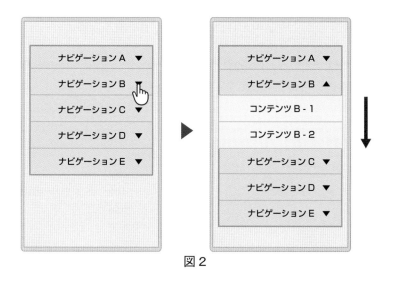

図2

【解答群】
ア．スライド　　　　　　　　　イ．ドロップダウン
ウ．タブ　　　　　　　　　　　エ．アコーディオン

c. 代表的なレイアウトパターンの1つにグリッド型がある．グリッド型の説明として，適切なものはどれか．

【解答群】
ア．画面の上側にナビゲーションエリアを，それより下のすべてのエリアにコンテンツを配置するレイアウトパターンである．
イ．全画面にビジュアル要素を強く押し出すため，ブランドを印象付けることができる．
ウ．画面を方眼のように分割し，これらをいくつか組み合わせるレイアウトパターンで，すっきりとした見やすい構成にすることができる．
エ．左上，右上，左下，右下の順に情報を配置することで順序よく情報を伝えられる．

d. シングルカラムレイアウトの特徴の説明として，適切でないものはどれか．

【解答群】
ア．コンテンツの面積を広く取れるため，ストーリー性をもたせた情報を提供できる．
イ．シングルカラムレイアウトを用いて，1ページで完結させているWebサイトをシングルページ型とよぶ．
ウ．袖にナビゲーションを備えており，複雑なWebサイト構成に適している．
エ．スマートフォンなど，画面の表示領域が限られている閲覧機器に適している．

第6問

　以下は，HTML文書の記述に関する問題である．ａ～ｄの問いに最も適するものを解答群から選び，記号で答えよ．なお，問題中のHTML文書は，HTML5以降のバージョンに準拠したものとし，解答に必要な部分のみを抜粋したものである．

ａ．HTML文書の基本構造として，適切なものはどれか．

【解答群】

ア．
```
<html>
  <div>
    <title>タイトル</title>
  </div>
  <code>
    コンテンツ
  </code>
</html>
```

イ．
```
<html>
  <meta>
    <title>タイトル</title>
  </meta>
  <text>
    コンテンツ
  </text>
</html>
```

ウ．
```
<html>
  <head>
    <meta charset="UTF-8">
    <title>タイトル</title>
  </head>
  <body>
    コンテンツ
  </body>
</html>
```

エ．
```
<html>
  <head>
    <meta charset="UTF-8">
  </head>
  <body>
    <title>タイトル</title>
    コンテンツ
  </body>
</html>
```

ｂ．HTML文書を記述するうえでの規則に関する説明として，適切なものはどれか．

【解答群】
　　ア．HTMLでは文書型宣言の省略が可能である．
　　イ．文字コードは特別な指定がない限りはUTF-8を使用することが望ましい．
　　ウ．空要素を記述する際は，必ず
，<img />のように記述しなければならない．
　　エ．ページがいくつかあるWebサイトの場合，title要素はどれか1つのHTMLファイルに記述されていればよい．

c．HTMLを用いて，「logo.gif」というGIFデータを貼り付ける指定をHTML文書中に記述する．さらに，何らかの理由でGIFデータが表示できない場合の代替テキストとして，「ロゴ」という用語も指定した場合の記述内容として，適切なものはどれか．

【解答群】

ア．<gif src="logo.gif ">ロゴ</img>　　　イ．<img src="logo.gif ">ロゴ</img>

ウ．<gif src="logo.gif " alt="ロゴ">　　　エ．<img src="logo.gif " alt="ロゴ">

d．図1は架空のWebサイトのイメージであり，図2はこのWebサイトのディレクトリ構造を表している．図2のindex.htmlにはheader.jpgを表示するためのタグが記述されている．header.jpgを相対パスで指定する場合，適切な記述はどれか．

図1

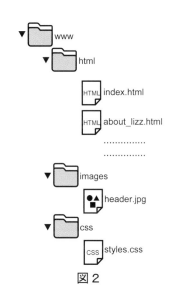

図2

練習問題1

練習問題2

練習問題3

【解答群】

ア．../images/header.jpg　　　イ．/images/header.jpg

ウ．/www/images/header.jpg　　エ．../header.jpg

第7問

　以下は，HTML文書の記述に関する問題である．　a〜dの問いに最も適するものを解答群から選び，記号で答えよ．なお，問題中のHTML文書は，解答に必要な部分のみを抜粋したものであり，HTML5以降のバージョンに準拠したものとする．

a．HTMLで順不同リストを表示したい場合，リストの入れ物を表す要素と個々の内容を表す要素の組み合わせとして，適切なものはどれか．

【解答群】

	入れ物を表す要素	内容を表す要素
ア	ul	li
イ	li	ul
ウ	ol	li
エ	li	ol

b．Webブラウザに図1のようなテーブルを表示するためのHTML文書として，適切なものはどれか．なお，ここでは罫線を表示させる装飾のみ別に指定されており，罫線以外の装飾については何も指定されていないものとする．

コース	特徴
ベーシック	基礎知識の理解を測ります。
エキスパート	専門知識の理解と、知識を応用する能力を測ります。

図 1

【解答群】

ア.

```
<table>
  <tr>
    <th>コース</th><td>ベーシック</td><td>エキスパート</td>
  </tr>
  <tr>
    <th>特徴</th><td>基礎知識の理解を測ります。</td><td>専門知識の理解と、
知識を応用する能力を測ります。</td>
  </tr>
</table>
```

イ.

```
<table>
  <tr>
    <th>コース</th><th>特徴</th>
  </tr>
  <tr>
    <td>ベーシック</td><td>基礎知識の理解を測ります。</td>
  </tr>
  <tr>
    <td>エキスパート</td><td>専門知識の理解と、知識を応用する能力を測ります。</td>
  </tr>
</table>
```

ウ.

```
<table>
  <th>
    <td>コース</td><td>ベーシック</td><td>エキスパート</td>
  </th>
  <th>
    <td>特徴</td><td>基礎知識の理解を測ります。</td><td>専門知識の理解と、知識を応用
する能力を測ります。</td>
  </th>
</table>
```

エ.

```
<table>
  <th>
    <td>コース</td><td>特徴</td>
  </th>
  <th>
    <td>ベーシック</td><td>基礎知識の理解を測ります。</td>
  </th>
  <th>
    <td>エキスパート</td><td>専門知識の理解と、知識を応用する能力を測ります。</td>
  </th>
</table>
```

ｃ．HTMLを用いたフォームのコントロールの記述についての説明として，適切なものはどれか．

【解答群】
　　　ア．textarea要素は，あらかじめ入力できる文字数に制限がある．
　　　イ．セレクトボックスによるメニュー形式の選択肢は，択一的な選択のために利用されることが多いが，複数選択での利用も可能である．
　　　ウ．ラジオボタンは，複数選択のために利用されることが多い．
　　　エ．チェックボックスは，択一的な選択肢をつくるために利用される．

ｄ．HTML文書にフォームとして1行の文字入力欄を作成するHTML文書として，適切なものはどれか．

【解答群】
　　　ア．＜input type="radio"＞　　　　　　イ．＜input type="textarea"＞
　　　ウ．＜input type="text"＞　　　　　　　エ．＜input type="submit"＞

第8問

　以下は，HTML文書およびCSSの記述に関する問題である．a～dの問いに最も適するものを解答群から選び，記号で答えよ．なお，問題中のHTML文書とCSSは，解答に必要な部分のみを抜粋したものであり，HTML5以降のバージョンに準拠したものとする．

a．以下のHTML文書において，「段落2」の文字の色のみを赤色に装飾指定するCSSの記述はどれか．

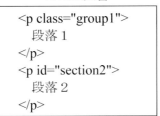

HTML文書

```
<p class="group1">
  段落 1
</p>
<p id="section2">
  段落 2
</p>
```

【解答群】
　ア．.group1{color: red;}　　　　　イ．p{color: red;}
　ウ．.section2{color: red;}　　　　エ．#section2{color: red;}

b．装飾を定義したCSSであるbasic.cssの内容をHTML文書に反映させるためのHTMLの記述として，適切なものはどれか．

【解答群】
　ア．＜style type="text/css" href="basic.css"＞
　イ．＜link rel="stylesheet" type="text/css" href="basic.css"＞
　ウ．＜style rel="stylesheet" type="text/css" link="basic.css"＞
　エ．＜link type="text/css" src="basic.css"＞

c．HTMLには文章の構造を，CSSには文書の装飾をそれぞれ記述する．以下のなかで，文章の構造として，記述しないものはどれか．

【解答群】
　ア．見出し　　　　　　　　　　　　イ．文字入力欄
　ウ．段落の行頭を1文字ずらす．　　エ．先頭が黒丸などで始まる箇条書きリスト．

d．CSSでは，文字の大きさや要素の幅，高さなどのサイズを指定するために，さまざまな単位を利用することができる．以下の単位のなかで絶対単位はどれか．

【解答群】
　ア．rem　　　　　　イ．px　　　　　　ウ．%　　　　　　エ．vw

第9問

　以下は，HTML文書およびCSSを記述に関する問題である．　a〜dの問いに最も適するものを解答群から選び，記号で答えよ．なお，問題中のHTML文書およびCSSは，解答に必要な部分のみを抜粋したものであり，HTML5以降のバージョンに準拠したものとする．

a．図1は，div要素で作成されたブロックボックスの構造を示している．図1において，［A］のグレーの領域を何とよぶか．

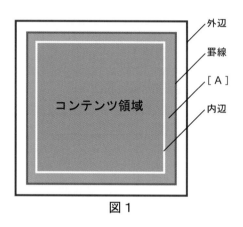

図1

【解答群】
　　ア．パディング　　　　イ．マージン　　　　ウ．インライン　　　エ．ブロック

b．つぎのCSSの記述のうち，ボーダー(枠線)を含むボックスの横幅が100pxとなるものはどれか．

【解答群】

ア．
```
div{
    padding: 10px;
    width: 100px;
    border: 5px solid #000000;
}
```

イ．
```
div{
    padding: 10px;
    width: 85px;
    border: 5px solid #000000;
}
```

ウ．
```
div{
    padding: 20px;
    width: 80px;
    border: 5px solid #000000;
}
```

エ．
```
div{
    padding: 20px;
    width: 50px;
    border: 5px solid #000000;
}
```

ｃ．Webページをスクロールしても，あるHTML要素をつねにWebページの画面上の同じ位置に表示されるようにしたい．HTML要素の位置を固定するために用いられるpositionプロパティの値として，適切なものはどれか．

【解答群】
　　ア．static　　　　　　イ．relative　　　　　ウ．absolute　　　　エ．fixed

ｄ．メディアクエリを使用してレスポンシブウェブデザインを実現したい．画面の横幅が640px以下の条件下でのみ適用されるスタイルを指定するために，**図2**のCSSを記載した．①に適するものはどれか．

図2

【解答群】
　　ア．min-width: 640px　　　　　　　　イ．max-width: 640px
　　ウ．under-width: 640px　　　　　　　エ．over-width: 640px

第10問

　以下は，Webページの公開と運用に関する問題である．　a〜dの問いに最も適するものを解答群から選び，記号で答えよ．

a．Webサイト公開までの作業の1つにデバッグがある．デバッグについての説明として，適切なものはどれか．

【解答群】
　　ア．HTMLやCSSなどのファイルをアップロードすること．
　　イ．エラーの原因となるプログラムの不具合を修正すること．
　　ウ．JavaScriptなどのソースコードにエラーがないか，テストをすること．
　　エ．Webサイト制作時に散らばって保存されたファイルを整理する作業のこと．

b．高齢者や障がい者も含めた，より多くのユーザが情報を取得・利用できる状態に配慮されている度合いや考え方のことをアクセシビリティとよぶが，Webサイトでアクセシビリティの向上のためにとられる施策として，適切なものはどれか．

【解答群】
　　ア．画像の代替テキストとしてalt属性を設定することで，音声読み上げソフトウェアに対応できるようにする．
　　イ．検索サイトでの検索結果の上位に自らのWebサイトが表示されるよう対策する．
　　ウ．Webサイトで誤った情報を配信しないようスペルチェックをする．
　　エ．異なるインターネット回線による処理速度のテストをする．

練習問題 1　練習問題 2　練習問題 3

c．Webサイトの評価を行う際，アクセス数によって測定する方法が一般的だが，アクセス数のカウント方法として，一定時間(期間)内にユーザがWebサイトを訪れた回数をカウントする方法はどれか．

【解答群】
　ア．コンバージョン数　　　　　　　イ．ページビュー
　ウ．セッション数　　　　　　　　　エ．ユニークユーザ数

d．ネットワークにおけるファイアウォールの技術の説明として，適切なものはどれか．

【解答群】
　ア．ログインの際にIDとパスワードを使用して認証する．
　イ．送受信のデータを秘密鍵暗号方式により暗号化して通信し，他人からの盗聴を防止する．
　ウ．ディジタル著作物を不法なコピーやデータの改ざんから守るために，電子的なコードを入れておく．
　エ．インターネットに接続したネットワークにおいて，外部からのアクセスのみでなく，内部からのアクセスを外に流れないように遮断することもできる．

書　名	Webデザイナー検定ベーシック公式問題集　第三版
監　修	Webデザイナー検定問題集編集委員会
第三版一刷	2023年3月20日
発行所	公益財団法人　画像情報教育振興協会（CG-ARTS）
	〒104-0045　東京都中央区築地1-12-22
	Tel　03-3535-3501
	URL　https://www.cgarts.or.jp/
表紙デザイン	宮内 舞（CG-ARTS）
印刷・製本	日興美術株式会社

FSC
www.fsc.org
ミックス
責任ある木質資源を
使用した紙
FSC® C141561

Webデザイナー検定

ベーシック

練習問題　解説・解答

Webデザイナー検定

ベーシック

練習問題　解説・解答

Webデザイナー検定 ベーシック
練習問題1　解説・解答

第1問

●出題領域：知的財産権
●問題テーマ：知的財産権
●解説

（1）正解答は**ア**です．著作権法では，著作物の「許諾」について定めています（著作物の利用の許諾：著作権法第63条）．著作権者不明の場合は，文化庁長官の裁定を受けて利用することができます（著作権者不明等の場合における著作物の利用：著作権法第67条）．「契約」，「認証」の用語は著作権法にはありません．

（2）正解答は**エ**です．私的使用の場合だけ許諾が不要です．ただし，こうして複製したものを私的使用の範囲外で使用する場合には，著作権者から許諾を得る必要があります．

（3）正解答は**ウ**です．同一性保持権は，著作者人格権の1つであり，自分の著作物の内容，題号を自分の意に反して勝手に改変されない権利です．

　　ア：公表権は，著作者人格権の1つであり，未公表の自分の著作物を公表するかしないかを決定する権利です．

　　イ：氏名表示権は，著作者人格権の1つであり，自分の著作物を公表するときに名前を表示するかしないか，表示する場合は実名か変名かを決定する権利です．

　　エ：著作隣接権は，実演，レコード，放送を保護対象とするものです．

（4）正解答は**ア**です．意匠法は，日用品の家具といった工業製品の形状である物品のデザインや，携帯電話の機能選択などの操作画像やアウトプットとしての表示画像などの画像デザインなどを保護の対象としています．保護期間は，2020年4月より出願日から25年に変更になりました．

　　イ：実用新案法は，物品の形状，構造または組み合わせに関して考案の保護および利用を図ることにより，その考案を奨励し，それにより産業の発達に寄与することを目的としています．

　　ウ：商標法は，産業の発達を目的とし事業者が商品またはサービスを他人のものと識別するために使用する商標を保護するものです．

　　エ：特許法は，発明をした者に特別の権利（特許権）を与える代わりに，発明を公開させることにより産業の発展を促進させることを目的としています．

［解答：（1）ア　　（2）エ　　（3）ウ　　（4）ア］

第2問

●出題領域：コンセプトと情報設計
●問題テーマ：情報の分類・組織化，構造化，さまざまな閲覧機器
●解説

a：図1の領域Aは，位置による分類です．位置による分類とは，物理的，または概念的な位置によって分類する手法です．したがって，正解答は**ア**となります．

b：領域Bは，「花束・ブーケ」，「ドライフラワー」，「アレンジメント」などのカテゴリ別に分類されているため，カテゴリによる分類のルールで組織化されています．領域Cは，時間による分類によって組織化されています．領域Dは直接ナビゲーション，領域EはWebサイト内検索機能であり，情報の分類による組織化は考慮されていません．したがって，正解答は**ア**になります．

c：図2は，相互の情報が順序や分類などのルールにとらわれず，直接的に関連付けられている構造を示しています．これをハイパーテキスト型とよびます．したがって，正解答は**エ**になります．

d：図3は，レスポンシブウェブデザインの手法を表した図になります．レスポンシブウェブデザインとは，すべての機器に対して同じURL，HTMLファイル，CSSファイルを用いる手法です．閲覧機器が使用するWebブラウザの画面幅（ビューポート）を基準に，CSSの機能を用いて表示を切り替えます．現在，Webサイト閲覧に用いる機器は多様化しており，従来のPC表示画面に加えて，スマートフォンやタブレットなどのスマートデバイスの表示への対応も同時に求められます．ユーザビリティは使い勝手・使いやすさ，アクセシビリティはすべての使用者への利用しやすさ，ユーザセンタードデザインはユーザの視点に立ってデザインを行う考え方のことです．したがって，正解答は

ウとなります.

[解答：a.ア　　b.ア　　c.エ　　d.ウ]

第3問 ◈◈

●出題領域：デザインと表現手法
●問題テーマ：文字, 色, 画像
●解説

a：うろこがなく, 縦横の線の太さが一定の和文書体をゴシック体とよびます. うろこがあり, 縦横の線の太さが異なる和文書体は明朝体とよびます. うろことは, 文字の先端にある飾りのことです. したがって, 正解答はイの図2になります. 図1, 図3は明朝体, 図4も, うろこを特徴とした行書体が適用されています.

b：欧文書体で, 文字のストロークの先端に飾りがついている書体はセリフ体, 飾りがついていない書体をサンセリフ体とよびます. 和文書体で文字の縦横の線の太さが一定の書体はゴシック体です. Webページの本文に適用する書体は, 明朝体, ゴシック体いずれも利用され, 明確に規定されているわけではありません. CSSで表示フォントを総称ファミリ名で指定した場合, 閲覧者の利用するWebブラウザは, そのPCなどにインストールされているフォントの中から適切なフォントを適用します. したがって, 正解答はエとなります.

c：画像フォーマットの説明文は, ①がPNG, ②がGIFの説明となります. したがって, 正解答はイとなります.

d：トーン（色調）とは, 色の濃淡や明暗, 強弱といったものを総合した色の見え方や感じ方のことで, 明度と彩度の組み合わせによって変化します. Webサイトを制作する際は, コンテンツに合うトーンを設定し, 統一することで, サービスや商品の世界観をユーザに提示することができます. アは彩度, イは明度, ウは色相の説明になります. したがって, 正解答はエとなります.

[解答：a.イ　　b.エ　　c.イ　　d.エ]

第4問 ◈◈

●出題領域：デザインと表現手法
●問題テーマ：画像編集, インフォグラフィックス
●解説

a：この問題は, 画像素材の加工方法について問うています. マスク（切り抜き）とは, 画像素材から被写体のみを抜き出す作業です. アは, 画像の必要な部分だけを切り出すトリミングが施されています. ウは, 画像内の不要な部分を取り除くレタッチが施されています. エは, グレースケール化が施されています. したがって, 正解答はイとなります.

b：画像補正の作業工程について問うています. 〈1〉から〈2〉のような作業をトリミングとよびます. トリミングは, 画像のなかで強調したい部分をより明確にしたり, 画像の形を変えたい場合などに行います. 〈3〉および〈4〉で使用する画像補正ツールの名称はトーンカーブです. トーンカーブは, なだらかに変化するカーブを使って, 画像の明るさやコントラストを可能な限り自然な状態で変化させるためのツールです. したがって, 正解答はアとなります.

c：図4の画像はやや明度が低く, 全体的に暗めな画像です. こうした画像に対して, アのようにトーンカーブを操作することで, 図5のように自然な雰囲気を保ったまま画像全体の明度を上げることができます. イのような操作をするとより暗く, ウのような操作をするとネガ・ポジ反転, エのような操作をするとポスタリゼーションの効果を得られます. したがって, 正解答はアとなります.

d：言葉や用語の代わりにグラフィックスなどを用いたピクトグラムを使用することで, 直感的かつ迅速に情報を伝えることができます. ピクトグラムのデザインにおいては, ひと目で何を意味しているのか認識できるものになっているか注意する必要があります. したがって, 正解答はエとなります.

[解答：a.イ　　b.ア　　c.ア　　d.エ]

第5問

●出題領域：デザインと表現手法
●問題テーマ：ナビゲーション，レイアウト，インタラクション
●解説

a：ここでは，左袖ナビゲーション型の配置手法に関する特徴について問うています．Webサイト制作においては，ナビゲーションとコンテンツによって画面をどのように分割し，配置するかということが重要になります．左袖ナビゲーション型は，画面を左右に分割して並べるため，ナビゲーションの項目数が多くても効率的に配置できます．ECサイトのように，ナビゲーションで情報を絞り込んだところでコンテンツを閲覧し始める場合に適しています．アは上部ナビゲーション型について，ウ，エは逆L字ナビゲーション型について説明した文章であるため，正解答はイとなります．

b：図1は，Webサイトの特定のカテゴリ内で利用されるナビゲーションのことであり，選択されたカテゴリ内のコンテンツ間の移動を自由に行うことができるローカルナビゲーションです．したがって，正解答はエとなります．アは直接ナビゲーション，イはパンくずリスト，ウはグローバルナビゲーションの説明となります．

c：進捗状況を知らせることで，待ち時間に起因するユーザの心理的な負担を軽減させるために用いる図2のようなアニメーションを，プログレスバーとよびます．正確な時間や回線の状況を伝えるものではないため，動きの厳密性は重要視されません．したがって，正解答はウになります．

d：図3のWebページには，袖ナビゲーションなどはなく，おもにWebページを縦スクロールすることによって情報を提供するスタイルのコンテンツであることがわかります．このようなレイアウトパターンをシングルカラムレイアウトとよびます．したがって，正解答はアとなります．

[解答：a．イ　　b．エ　　c．ウ　　d．ア]

第6問

●出題領域：Webページを実現する技術
●問題テーマ：HTMLの基礎，リンク，ディレクトリ
●解説

a：HTML文書の記述におけるルールを問うています．HTML文書を記述する際は，文書型宣言を必ず先頭に記述する必要があります．文書型宣言を省略してしまうと表示に不具合が出る可能性があります．したがって，正解答はアとなります．

b：ア，ウのlink要素は，外部CSSの読み込みなどに用いられる要素であり，ハイパーリンクの作成に用いることはできません．エのsrc属性は，おもにimg要素に使用される属性であり，画像参照などに用いられます．リンクを設定するには，a要素を使用し，href属性でリンク先を設定します．したがって，正解答はイとなります．

c：HTMLを用いて，写真を含む画像類を貼り付けるには，空要素であるimg要素を用います．その際，src属性に静止画像へのパス名を指定し，alt属性に代替テキストを指定します．したがって，正解答はエとなります．

d：photo.jpgは，imagesフォルダ内にあります．index.htmlとimagesフォルダは，どちらもwwwフォルダ内にあり，同じ階層です．参照したいファイルが，同じ階層の別のディレクトリにある場合のファイルパスは「ディレクトリ名/ファイル名」となります．そのため，ファイルphoto.jpgを表示する相対パス指定は，エの「images/photo.jpg」であり，正解答となります．アは，絶対パス指定になります．先頭が「/」で始まる場合，ルートからのパスを示します．「../」は，1つ上位のディレクトリに上がる指定になります．

[解答：a．ア　　b．イ　　c．エ　　d．エ]

第7問

●出題領域：Webページを実現する技術
●問題テーマ：表（テーブル），リスト，フォーム
●解説

a：図1のような表を表示するためには，table要素において，tr要素は表組みの各行を，td要素は内容を入れるためのセルをそれぞれ作成します．イは，図1の列の要素をtr要素に入れているため誤りです．ウのtitle要素は，table要素では使用せず，head要素内にて使用します．エのth要素は，tr要素のなかで見出しとして使用するため誤りです．した

練習問題1

練習問題2

練習問題3

がって，正解答は**ア**となります．

b：フォームにおいて，複数の選択肢から1つだけ選択をするためのコントロールとして，ラジオボタンがあります．**ア**は，チェックボックスであり，複数の選択をする際によく利用されます．**イ**のセレクトボックスも1つの選択をするために使えますが，書式に誤りがあります．セレクトボックスを使用する際は，select要素とoption要素の組み合わせで作成します．**エ**はテキストボックスであり，ユーザにテキストを1行だけ入力させるための欄を作成することができます．したがって，正解答は**ウ**となります．

c：form要素では，method属性でサーバへのデータ送信方法を指定して，action属性で送信したデータの処理方法を指定します．処理方法の多くは，Webサーバ上のプログラムを指定します．type属性にsubmitを指定することにより，サブミットコントロールが利用できます．また，value属性で指定した文字がボタン内に表示される文字になります．したがって，正解答は**イ**となります．

d：順序リストは，ol要素でリストを作成し，li要素によって内容を作成します．ul要素では，順不同リストが作成されます．**ウ**のp要素は，段落を作成するためのものであり，**エ**のjl要素という要素は存在しません．したがって，正解答は**ア**となります．

［解答：a．ア　　b．ウ　　c．イ　　d．ア］

第8問

●出題領域：Webページを実現する技術
●問題テーマ：HTML，CSSの基礎
●解説

a：HTMLとCSSのファイルを分けて制作するメリットとして，レスポンシブウェブデザインへの対応，装飾の修正，データの変更など業務効率化などがあげられます．マルウェア（コンピュータウイルス）による感染の予防や拡散防止などは関係がありません．したがって，誤っている記述は**エ**であり，正解答となります．

b：id属性を与えられたHTML要素をCSSから指定するセレクタには，「#（シャープ）」を用います．**エ**の「.（ドット）」は，class属性を与えられたHTML要素を指定するために用います．「！」や「¥」は，CSSでは用いません．したがって，正解答は**ウ**になります．

c：HTML文書に，ある要素をclass属性かid属性を使用して装飾したい場合に，CSSから各属性のスタイルを適用するためには，class属性には「.（ドット）＋クラス名」，id属性には「#（シャープ）＋ID名」を指定します．「段落1」の文字のみを緑色に装飾するには，**エ**の方法で指定します．したがって，正解答は**エ**となります．

d：文字の左寄せ，中央揃え，右寄せを指定するにはtext-alignプロパティを使用します．したがって，正解答は**ア**となります．

［解答：a．エ　　b．ウ　　c．エ　　d．ア］

第9問

●出題領域：Webページを実現する技術
●問題テーマ：ボックス，レスポンシブウェブデザイン，ポジション
●解説

a：HTML要素には，ボックスという長方形の領域を生成する特徴があり，ブロックボックスとインラインボックスの2種類の表示方式があります．ブロックボックスは，要素どうしが上から下の縦方向に並ぶ性質があり，インラインボックスは，要素どうしが左から右の横方向へと並ぶ性質があります．**ア**のdiv要素，**イ**のform要素，**エ**のh1要素は，ブロックボックスになります．インラインボックスのHTML要素として，a要素，br要素，img要素などがあります．したがって，正解答は**ウ**となります．

b：positionプロパティは，HTML要素の表示位置を調整するために使用されるプロパティです．HTML要素におけるpositionプロパティの初期値は，staticであり，位置を指定しない値となります．**イ**のrelativeは，基準となる表示位置から相対的な位置を指定します．**ウ**のabsoluteは，親要素を基準に絶対的な位置を指定します．**エ**のfixedは，画面の指定した位置に固定します．したがって，正解答は**ア**となります．

c：Flexboxは，Flexコンテナとよばれる親要素の中に，入れ子でFlexアイテムとよばれる子要素を記述することで適用されます．Flexboxの標準では，Flexアイテムが横並びに表示されるようになっており，このFlexアイテムどうしの間隔を指定するために使用されるプロパティは，gapプロパティが使用されます．したがって，正解答は**ウ**となります．

d：row-reverseを指定した場合，Flexアイテムは右から左に並びます．したがって，正解答は**イ**となります．**ア**はrow（初期値），**ウ**はcolumn（上から下），**エ**はcolumn-reverse（下から上）をそれぞれ指定したものを表しています．

[解答：a．ウ　　b．ア　　c．ウ　　d．イ]

第10問 ◇◇

●出題領域：Webサイトの公開と運用
●問題テーマ：テストと修正，Webサイトの公開，評価と運用
●解説

a：年齢・利用環境の違いや，身体的制約の有無などに関係なく，誰でも必要とする情報に簡単にたどり着け，Webコンテンツを利用できる度合いをアクセシビリティとよびます．アクセシビリティの高いWebサイトを提供するためには，文字の視認性や大きさ，インタフェースの操作性，配色，音声読み上げソフトウェアへの対応などに配慮することが求められます．したがって，正解答は**イ**となります．

b：一定時間（期間）内に，Webサイトにアクセスしたユーザ数のことをユニークユーザ数とよびます．また，一定時間（期間）内に，ユーザがWebサイトを訪れた回数をセッション数とよびます．したがって，正解答は**エ**になります．

c：**ア**のSSL/TLS（Secure Socket Layer/Transport Layer Security）は，通信内容を暗号化する際に用いられるプロトコルです．**イ**のDNS（Domain Name System）は，メールアドレスやURLに表記されるホスト名とネットワークの名前（ドメイン名）からIPアドレスを取得する，あるいは反対にIPアドレスからホスト名とネットワークの名前を取得するしくみです．**ウ**のISP（Internet Service Provider）は，インターネット接続業者のことです．**エ**のFQDN（Fully Qualified Domain Name）は，IPアドレスの数字を，人間が覚えやすく，入力しやすい特定の文字列へ置き換えたものです．したがって，正解答は**ア**となります．

d：**ア**のように，Webサーバにウイルス対策ソフトウェアをインストールするだけではセキュリティ対策は不十分です．すべてのコンピュータにウイルス対策ソフトウェアをインストールするのが，適切な対応です．**イ**のように，インターネットに接続されていない状況でも，事前にダウンロードされたメールの添付ファイルにマルウェア（コンピュータウイルス）が仕掛けられている場合，開封・閲覧をするだけで感染する場合があります．**ウ**のように，インターネットを経由した攻撃など，正当な利用目的以外のアクセスを制限するしくみをファイアウォールとよびます．インターネットに接続する場合には，企業，家庭を問わず，ファイアウォール機能を稼働させておくのが望ましい対応です．家庭用のブロードバンドルータなどのネットワーク機器やパーソナルコンピュータのOSにもファイアウォール機能が搭載されています．**エ**のようにインターネットに接続しなくても，ほかの人とのデータの受け渡しなどを通してマルウェアに感染する危険性があるため，ウイルス対策ソフトウェアをインストールしておくのが望ましい対応です．したがって，正解答は**ウ**となります．

[解答：a．イ　　b．エ　　c．ア　　d．ウ]

Webデザイナー検定 ベーシック
練習問題2　解説・解答

第1問 ◆◆◆

●出題領域：知的財産権
●問題テーマ：知的財産権
●解説
（1）正解答は**エ**です．著作権法上の著作物は，思想または感情を創作的に表現したものである必要があるため，「創作性」が該当します．経済性，実用性，新規性の有無は，著作物に該当するか否かには関係ありません．
（2）正解答は**イ**です．著作権は，著作物の創作と同時に発生し，原則として著作者の死後70年続きます．
（3）正解答は**ウ**です．曲はA氏の著作物です．著作者人格権（同一性保持権）により，B氏はA氏の許可なく曲を勝手に改変することはできません．
　　ア：著作権は創作した時点で自動的に発生します．
　　イ：A氏は歌詞，曲についてもそれぞれ著作権を有します．
　　エ：B氏は楽曲の実演家であるため著作隣接権を有しています．
（4）正解答は**ウ**です．産業財産権は，特許権，実用新案権，意匠権，商標権の4つです．

[解答：（1）エ　　（2）イ　　（3）ウ　　（4）ウ]

第2問 ◆◆◆

●出題領域：コンセプトと情報設計
●問題テーマ：情報の分類・組織化，構造化，さまざまな閲覧機器
●解説
a：スライドショーにみられる情報の構造化について問うています．**ア**は，相互の情報が順序や分類などのルールにとらわれず直接的に関連付けられている，ハイパーテキスト型を示しています．**イ**は，それぞれの情報がどのグループに属しているのかを明確に分類できる場合に効果的な，ツリー構造型を示しています．**ウ**は，最初の情報に到達すると最初の情報に戻るよう設定された，ループ構造をもったリニア構造型を示しています．**エ**は，典型的なリニア構造型を示しています．図1の領域①には，日常でWebサイトを閲覧している際によく見かける，カルーセルとよばれる画像が連続して表示されるスライドショーが取り入れられています．図1の領域①の下部に示された点によって構成されたインジケータが最後の画像を表示していることを示し，さらに領域①の右側に三角のボタンが表示されていることから，つぎの画像が表示できることがわかります．そのため，このスライドショーにはループ構造をもったリニア構造型が取り入れられていることがわかるため，正解答は**ウ**となります．
b：Webサイトにみられる情報の分類と組織化について問うています．図1の領域Bは「平面作品」，「立体作品」，「インタラクティブ作品」といったように作品形態の属性がカテゴリとして分類されています．したがって，**エ**の「カテゴリによる分類」が正解答となります．
c：Webサイトにみられる情報の分類と組織化について問うています．図1の領域Aは，「自己紹介」，「作品紹介」，「コンタクト」と互いに関連のない情報が列挙されており，明確なルールによる分類がなされていません．領域Bは作品の形態に準じて分類され，領域Cは制作目的に準じた分類がなされているため，「カテゴリによる分類」が該当します．領域Dは「2017年度以前」，「2018年度（大学1年次）」，「2019年度（大学2年次）」，「2020年度（大学3年次）」と年度に準じた分類がなされているため，「時間による分類」が該当します．そして，領域Eは「2021-09-29 自己紹介を更新しました」，「2021-07-03 作品を追加しました」，「2021-04-03 Webポートフォリオを制作しました」と更新日に準じた分類がなされているため，「時間による分類」が該当します．したがって，時間による分類は領域Dと領域Eの2つが該当するため，**イ**が正解答となります．
d：スマートフォンにおける画面の分割と配置について問うています．図2のようなナビゲーションは，ドロップダウンとよばれる手法で，ナビゲーション要素が多く，階層が深い場合など規模の大きなサイトに適しています．したがって，正解答は**エ**となります．**ア**のスライドは，メニューボタンをタップすると，ナビゲーションエリアを横方向へスライドするかたちで表示する手法です．**イ**のタブは，タブメニューの切り替えによってコンテンツを表示する手法です．**ウ**のアコーディオンは，メニューを選択するたびに楽器のアコーディオンの蛇腹のように開いたり閉じ

たりして, ユーザが必要とするメニューの内容を表示する手法です.

[解答：a. ウ　　b. エ　　c. イ　　d. エ]

第3問 ◇◇

●出題領域：デザインと表現手法
●問題テーマ：文字, 色
●解説

a：和文書体は, 文字の先端に飾りが付いたうろこがあり, 縦の線と横の線の太さが異なる明朝体と, うろこがなく, 縦横の線の太さが一定のゴシック体に分類されます. 明朝体は欧文書体のセリフ体に, ゴシック体は欧文書体のサンセリフ体に, それぞれ対応します. 図1の見出しはゴシック体, 本文は明朝体であるため, 正解答は**イ**となります.

b：文書の読みやすさを考える場合, 書体の選択とともに行間の広さが重要になります. 図2は, 図1の行間を広げたものであるため, **エ**が正解答となります. **ア**の字間は, 文字と文字の間の空間のことです. **イ**のタイプフェイスは書体のことであり, **ウ**の禁則処理は, 句読点や中黒, 閉じ括弧などの文字が行頭に, また開き括弧やスラッシュなどの文字が行末に, それぞれ配置されないようにする処理のことです.

c：コンセプトメイキングでWebサイトの方向性が決まると, そのコンセプトに応じた配色を色の印象と合わせて考える必要があります. 配色は, おもにベースカラー, メインカラー, アクセントカラーという3つの異なる役割をもつ要素の組み合わせで構成されることが多く, ベースカラーを70％, メインカラーを25％, アクセントカラーを5％の比率にするとバランスがよいとされています. したがって, 正解答は**エ**となります.

d：カラー印刷では, 減法混色の三原色であるシアン（C）, マゼンタ（M）, イエロー（Y）に, 黒（K）を加えたCMYKの色空間が用いられます. 加法混色の三原色は赤（R）, 緑（G）, 青（B）で, ディスプレイモニタやディジタルカメラの色空間として用いられます. 基本的な色の表現方法の違いを理解していることは重要であり, 画像編集ソフトウェアなどを用いた素材制作時においても, 色の表現方法の設定には注意が必要です. したがって, 正解答は**エ**となります.

[解答：a. イ　　b. エ　　c. エ　　d. エ]

第4問 ◇◇

●出題領域：デザインと表現手法
●問題テーマ：画像編集, インフォグラフィックス
●解説

a：図2は, 図1に比べて明暗の差がはっきりとしています. このような調整を行うためには, トーンカーブを**ウ**のように変更し, コントラストを強くする必要があります. **ア**のように変更すると, 全体的に明るくなります. **イ**のように変更すると, 全体的に暗くなります. **エ**のように変更すると, ネガ・ポジ反転された画像になります. したがって, 正解答は**ウ**となります.

b：図2は, 図1に比べて明るい部分はより明るく, 暗い部分はより暗くなっています. したがって, 図4のヒストグラムと比べて, 明るい画素値と暗い画素値に分布が広がっている, **ウ**のヒストグラムが正解答となります.

c：画像内の必要な部分を切り出す加工のことを, トリミングとよびます. また, 画像の印象を変更させるために画像内の画素の濃度を変えたり, コントラストを変更する場合, 一般にはトーンカーブとよばれるツールを利用して補正します. このような, 画像内の不要な箇所を消すなど, 画像にさまざまな加工や編集を施す作業をレタッチとよびます. したがって, 正解答は**ウ**となります. なお, 画像内の不要な部分を隠し, 被写体を切り抜いたように見せたり背景画像との合成などを行う加工のことを, マスクとよびます.

d：ピクトグラムとは, 言葉や用語の代わりにグラフィックスなどを用いて, 直感的に情報を伝える記号（絵文字）であり, アイコンもピクトグラムの一種です. 意味内容が直感的に伝わるようにデザインし, 複数のピクトグラムを掲載する場合は, それぞれ明確に区別がつくように異なるデザインにする, などといったことに注意する必要があります. また, ボタンなどにもピクトグラムが利用されますが, そのピクトグラムだけでは理解しづらいと感じる閲覧者のために, 文字（文章）で補完することもあります. したがって, 正解答は**エ**となります.

[解答：a. ウ　　b. ウ　　c. ウ　　d. エ]

第5問 ❖❖❖

●出題領域：デザインと表現手法
●問題テーマ：ナビゲーション，レイアウト，インタラクション
●解説

a：ナビゲーションのリンク構造に関する問題です．図1は，Webサイト上のすべてのページで同じ位置にレイアウトされるナビゲーションであり，Webサイト全体を自在に移動するためのメニューや，トップページへのリンクを配置します．これをグローバルナビゲーションとよびます．したがって，正解答はエとなります．

b：画面分割と配置に関する問題です．画面分割と配置の良し悪しは，Webサイトの使いやすさに大きく影響します．その際に考慮すべきポイントは，人の視線の動きと，ナビゲーションとコンテンツの優先順位です．図2は，画面の上部と右側にナビゲーションエリアを配置する形式となっており，逆L字ナビゲーション型となります．したがって，正解答はエとなります．

c：図3は，シングルカラムレイアウトになります．図4は，袖ナビゲーションをもつためマルチカラムレイアウトになります．図5のように方眼を組み合わせたレイアウトをグリッド型とよびます．図6のようにカラムにとらわれず全画面に要素を配置しているレイアウトをフルスクリーン型とよびます．したがって，正解答はイとなります．

d：図7では，ハンバーガーメニューがマウスオーバとよばれる手法によって展開される例が示されています．このマウスオーバは，CSSやJavaScriptの機能によって実現が可能です．したがって，正解答はイとなります．

[解答：a．エ　　b．エ　　c．イ　　d．イ]

第6問 ❖❖❖

●出題領域：Webページを実現する技術
●問題テーマ：HTMLの基礎，リンク，ディレクトリ
●解説

a：title要素は，Webサイトのタイトルを指定するものであり，Webブラウザのタブやブックマーク，検索結果などの表示に用いられます．title要素を記述する際は，<head></head>で囲まれる②のヘッダ部に記述されることが必須となっています．したがって，正解答はイとなります．

b：同じWebページ内において目的の項目をすばやく参照するためには，リンク先のHTML要素に<HTML要素 id="任意のID名">を記述し，リンク元のHTML要素には，<a href="#リンク元のID名">を記述します．アとイは，ハイパーリンクのリンク元となるa要素を用いて記述された，HTML要素です．一方でウとエが，リンク先となりうる内容と記述ですが，ウの内容はリンク元を示す文字列の「こちら」が記述されているため，誤りです．したがって，正解答はエとなります．

c：company.jpgのファイルは，imgディレクトリ内にあります．相対パス指定を行う際は，カレントディレクトリを基に位置指定を行います．カレントディレクトリとは，現在参照している位置を示すディレクトリのことであり，相対パスで指定すると，「../img/company.jpg」となります．なお，「../」は1つ上の階層を指定する際に使用します．したがって，正解答はエとなります．

d：HTMLでは，<, &, >などの記号はタグを記述するために用いるため，コンテンツのなかでこれらの記号を表示する際はそのまま使うことができません．これらの文字を表示するためには特殊な記述方法が定められており，これを名前文字参照とよびます．したがって，正解答はアになります．

[解答：a．イ　　b．エ　　c．エ　　d．ア]

第7問 ❖❖❖

●出題領域：Webページを実現する技術
●問題テーマ：表（テーブル），リスト，フォーム
●解説

a：HTMLでは，順序リスト，順不同リストなどのリストが用意されています．図1は，そのうち順序リストの表示結果です．アのHTML文書では，順序リストを表示するためのol要素が用いられており，Webブラウザ上で図1と同じ結果が表示されるため，正解答となります．イとウでは，順不同リストを表示するためのul要素が用いられており，Webブラウザ上での表示では行の先頭に黒丸などが表示されます．エでは，li要素に順序が記述されているため，Web

ブラウザで表示した際には, 順序が二重に表示されてしまいます.

b：アはform要素に「input type="submit"」, イはform要素に「input type="text"」と記述することによって, それぞれ制作できます. また, ウはform要素のaction属性によって設定できます. エのマウスカーソルを重ねると, 説明のための画像が現れるようなポップアップ機能を制作するためには, JavaScriptなどを利用する必要があります. したがって, 正解答はエとなります.

c：HTMLやJavaScriptで実現できない機能を実装するために, プラグインを用いるという説明は適切です. しかし, プルダウンメニューやフォームのエラー処理は, HTMLやJavaScriptによって実現可能であり, プラグインを利用する必要はありません. したがって, 正解答はウとなります.

d：アは, tr要素とtd要素の役割が逆になっています. tr要素は行を, td要素はセルの作成を担います. また, ウのth要素, td要素は明確に用途が異なるため, 正しく使い分けなければなりません. エはtable要素を用いて作成した表の装飾にはCSSを用います. したがって, 正解答はイとなります.

[解答：a．ア　　b．エ　　c．ウ　　d．イ]

第8問

●出題領域：Webページを実現する技術
●問題テーマ：HTML, CSSの基礎
●解説

a：別に作成し, 保存したCSSファイルをHTML文書に読み込ませる場合は, link要素をhead要素に記述します. このlink要素内にrel属性でCSSファイルを読み込むための属性値を記述し, href属性で関連付けたいCSSファイルを指定します. 設問のHTML文書に提示された記述のうち「href="basic.css"」の部分にて, HTML文書に関連付けたいCSSファイル名が指定されています. したがって, 正解答はエとなります.

b：CSSの基本的な書式は, アのように示され, 「どのHTML要素を対象にし(セレクタ), そのHTML要素の何を(プロパティ), どのように(値)装飾するか」ということを指定しています. このうち, 「そのHTML要素の何を(プロパティ), どのように(値)装飾するか」という部分を, 宣言とよびます. したがって, 正解答はアとなります.

c：設問で示されているCSSでは, body要素のなかで文字の大きさ(フォントサイズ)が12pt, p要素のなかで行間が200%に指定されています. 200%とは, 指定されたフォントサイズ(前述のように, ここでは12pt)の2倍の値(=24pt)を示します. したがって, 正解答はウとなります.

d：設問のCSSでは, body要素のなかで文字色が「灰色」・揃えが「左寄せ」に指定され, さらにemphasizeクラスとして, 文字色が「赤色」・揃えが「中央揃え」に指定されています. HTML文書を見ると, 見出しとして表示されるh1要素にemphasizeクラスが適用されており, p要素には何も指定されていないため, 本文にはbody要素の指定がそのまま継承されます. したがって, 正解答はエとなります.

[解答：a．エ　　b．ア　　c．ウ　　d．エ]

第9問

●出題領域：Webページを実現する技術
●問題テーマ：ボックス, レスポンシブウェブデザイン, ポジション
●解説

a：HTML要素は, positionプロパティを使用することでHTML要素を表示させる位置を調整することが可能となります. positionプロパティを使用する際は, 位置を指定するためのプロパティも併用し, 具体的な表示位置を調整します. 併用するプロパティのなかで, 下辺の距離を指定するために使用するプロパティは, bottomになります. したがって, 正解答はウとなります.

b：Flexアイテムの並びを複数行に折り返すかどうかを指定するために使用されるプロパティは, flex-wrapになります. flex-directionは, 並ぶ向きを指定するプロパティ, justify-contentは, 横方向の揃え方を指定するプロパティ, align-itemsは, 縦方向の揃え方を指定するプロパティになります. したがって, 正解答はイとなります.

c：アは, 各ブロックボックス間のマージンがなく, 縦方向に並んでいるため誤りとなります. ウは, CSSの記述にあるとおり, displayプロパティにinline-blockが適用されているため横方向にブロックボックスが並んでいます. しかし, 各ブロックボックスのサイズが指定されているサイズと異なり極端に小さくなっているため, 誤りとなります. エは, ブロックボックスのサイズ, マージンの余白が設けられていますが縦方向に並んでいるため, 誤りとなります.

練習問題1　練習問題2　練習問題3

したがって，正解答は**イ**となります．なお，inline-blockを適用したブロックボックスは，CSSによるマージンの指定がなくてもブロックボックスの間にわずかに余白が生じます．これにより**イ**と**ウ**では，CSSで指定した5pxよりもわずかに広くマージンの余白がとられています．意図どおりの余白を設定するには別途，CSSなどによる調整が必要になります．

d： Webページの背景に画像を用いる場合について問うています．設問のCSSは，読み込んだ背景画像がWebページに繰り返し表示される記述となっています．**ア**は，背景画像の開始位置が50％程度移動していますが，CSSにはその記述がないため誤りとなります．**イ**は，表示エリアの中央に1つのみ背景画像が表示されていますが，画像を繰り返さないように表示させるためには，no-repeatを指定する必要があるため，誤りとなります．**ウ**は，背景画像が縦に繰り返されていますが，このように表示させるためにはrepeat-yを指定する必要があるため，誤りとなります．したがって，正解答は**エ**となります．

［解答：a．ウ　　b．イ　　c．イ　　d．エ］

第10問 ◆◆

●**出題領域：Webサイトの公開と運用**
●**問題テーマ：テストと修正，Webサイトの公開，評価と運用**
●**解説**

a： Webサイトのテストにおけるテスト項目と，おもな確認事項についての知識を問うています．動作のテストでは，制作したWebサイトを一通り閲覧し，アップロード後にファイル名を変更したWebページへのリンクなど，修正が発生したWebページを重点的に確認します．ほか，ロールオーバやプルダウンなどのインタラクションのテストも行います．パフォーマンスのテストでは，Webサーバにアップロードしたウェブサイトを閲覧し，想定されるアクセス状況において，求められる応答速度が得られるか，応答していないプログラムがあるか，不必要に大きな画像が読み込まれていないかなどを確認します．したがって，正解答は**ウ**となります．

b： アクセス数の向上を図る手段を，SEO（Search Engine Optimization）とよびます．これは，検索サイトにおいて，自らのWebサイトが検索結果の上位に表示されるようにする施策で，検索エンジン最適化ともよばれています．したがって，正解答は**エ**となります．

c： 年齢や身体的制約の有無，利用環境などに関係なく，誰でも必要とする情報に簡単にたどり着け，Webコンテンツを利用できるようにするためにアクセシビリティが重要になります．機種依存文字を使用しない，利用者が文字サイズを変更可能にする，動く画像や文字，文字の点滅は原則使用しない，音声の読み上げに配慮して画像には代替テキストを記入する，キーボードのみでも操作できるようにするなどの対応が考えられます．したがって，**エ**が正解答になります．

d： セキュリティに関する問題です．ファイアウォールは，ネットワークをインターネットに接続する場合に，正当な利用目的以外のアクセスを制限するしくみです．家庭のパーソナルコンピュータ（PC）におけるファイアウォールを設定する方法として，ブロードバンドルータでファイアウォール機能を稼働させるほかに，PC上のソフトウェアで同様の機能を実現させることができるため，**ア**は誤りです．家庭において使用するPCも例外ではなく，ファイアウォールを用いて正当な利用目的以外のアクセスを制限する必要があるため，**イ**も誤りです．ファイアウォールは重要な情報が保存されたサーバ群に対して，外部からだけでなく内部からの不正なアクセスも防ぐことができるため，**エ**は誤りです．したがって，正解答は**ウ**となります．

［解答：a．ウ　　b．エ　　c．エ　　d．ウ］

Webデザイナー検定 ベーシック
練習問題3　解説・解答

第1問 ◆◆

● 出題領域：知的財産権
● 問題テーマ：知的財産権
● 解説
（1）正解答は**イ**です．著作権法の保護対象は著作物です．著作物は，思想又は感情を創作的に表現したものであって，文芸，学術，美術または音楽の範囲に属するものと定義されています（著作権法第2条第1項）．著作物であるためには，その表現形式や完成の有無に関わらず，著作者の考えや個性が精神的な創作によって何らかの形で具体的に外部に表現されているものでなければなりません．
（2）正解答（著作権侵害のおそれがないもの）は**イ**です．著作権の制限規定に該当せず，かつ著作権者からの許諾を得ることなく利用した場合は，著作権侵害となります．写真の著作物がすでに出版されているか，職務著作か否かは関係がなく，また，写真をディジタルデータとして利用する場合は，著作権者によるその著作物についての複製権の行使であり，その複製権などの著作権は著作権者に属しています．
（3）正解答は**ウ**です．著作者人格権は，公表権，氏名表示権，同一性保持権の3つからなり，著作財産権と同様に創作と同時に発生しますが，他人に譲渡することはできません．下線部③の"自分の名前を表示するかどうかについて決める権利"は，氏名表示権にあたり，自分の著作物を公表するときに名前を表示するかしないか，表示する場合は実名か変名かを決定する権利です．"写真の部分使用を認めるかどうか"は，同一性保持権にあたり，著作物の性質ならびにその利用目的と利用形態に照らしてやむを得ないと認められる場合などを除き，自分の著作物の内容，題号を自分の意に反して勝手に改変されない権利です．公表権は，未公表の自分の著作物を公表するかしないかを決定する権利です．
（4）正解答は**イ**です．著作物が保護期間を満了した場合に，その著作物はどのような性質のものになるのかを問うています．保護期間が満了したものであれば権利は消滅し，以後，著作物は社会全体の共有財産として自由に利用することができます．2018年に著作権法の大改正が行われ，著作物の保護期間については，TPP11協定発効にともない，2018年12月30日から変更となりました．保護期間は，原則として，著作者が著作物を「創作したとき」に始まり，著作者の「死後50年間」が「死後70年間」に延長されています．

[解答：（1）イ　　（2）イ　　（3）ウ　　（4）イ]

第2問 ◆◆

● 出題領域：コンセプトと情報設計
● 問題テーマ：コンセプトメイキング，情報の構造化，さまざまな閲覧機器
● 解説
a：**ア**の図1はツリー構造型です．トップページを起点として，大きな分類の階層から，さらに詳細な分類に情報を階層化した構造です．**イ**の図2はハイパーテキスト型です．相互の情報が順序や分類などのルールにとらわれず，直接的に関連付けられている構造です．**ウ**の図3はリニア構造型です．手順や時間順，位置関係，ストーリーなどのように，順を追って情報を提示する場合に適した構造です．**エ**の図4はファセット構造型です．価格や発売日，商品カテゴリなど，さまざまな切り口で分類する構造です．なお，1つのWebサイトのなかで，これらの構造型を組み合わせることもあります．したがって，正解答は**ウ**となります．
b：コンセプトメイキングを行う際，ターゲット層を広く設定するとWebサイトの内容が散漫になる可能性があります．どのターゲットから見ても魅力が薄くなりやすいため，通常はターゲットを絞るほうがよいです．したがって，正解答は**イ**となります．
c：売り上げ順のように，量の多さや少なさで分類・組織化するものは，連続量による分類になります．したがって，正解答は**エ**となります．
d：**ア**は，パーソナルコンピュータ（PC）やスマートフォンなど，それぞれの閲覧機器に制作されたHTMLファイル，CSSファイルを配信する，「専用サイト」による手法です．**イ**は，URLは1つだけ用意しておき，アクセスしてきた機

器の種類をサーバ側で判別し，それぞれの機器に合ったHTMLファイルやCSSファイルを配信する，「ダイナミックサービング」による手法です．**ウ**は，PC，スマートフォンのどちらも共通のURL，共通のHTMLファイルやCSSファイルを用います．閲覧機器ごとの画面幅（ビューポート）への対応は，それぞれのWebブラウザ側で行う「レスポンシブウェブデザイン」による手法です．**エ**は，読み込むHTMLファイルとCSSファイルは共通ですが，それぞれの機器に合った専用のURLを用意しているため，レスポンシブウェブデザインの特徴には当てはまりません．したがって，正解答は**ウ**となります．

[解答：a．ウ　　b．イ　　c．エ　　d．ウ]

第3問

●出題領域：デザインと表現手法
●問題テーマ：文字，色，画像
●解説
a：行間が狭すぎると文章が読みにくくなるため，適切な広さの行間をとるようにします．Webサイトを制作する際，行間の指定はCSSで行間を調節するline-heightプロパティを使用します．したがって，正解答は**イ**となります．
b：色には色相，明度，彩度という共通の属性があります．これらを色の三属性とよびます．色相は赤や黄色などといった色味の違い，明度は色の明るさ，彩度は色の鮮やかさのことを表します．**図1**は明度を表しており，明度が高くなると色は白っぽく（明るく）なり，低くなると黒っぽく（暗く）なります．**図2**は彩度を表しており，彩度が高いほど色の純度が高くなり鮮やかな色となり，逆に彩度が低い場合は色味が減りくすんだ色になっていきます．**図3**は色相で，赤，黄，緑，青といった色味の性質を表します．したがって，正解答は**ア**となります．
c：赤色のように暖かそうに感じる色を暖色，青色のように寒そうに感じる色を寒色，緑や紫など，暖色と寒色のどちらにも属さず，温度を感じない色を中性色とよびます．また，色相環上で対角に位置する色を補色とよびます．暖色は，実際の距離よりも近くにあるように見える進出色であり，本来の大きさよりも大きく見える膨張色でもあります．寒色は，実際の距離よりも遠くにあるように見える後退色であり，本来の大きさよりも小さく見える収縮色でもあります．したがって，正解答は**ア**となります．
d：JPEGは，ラスタ形式でフルカラー（約1,677万色）の画像を扱うことができ，非可逆圧縮により高い圧縮率で画像のデータ量を軽くすることができます．SVGは，ベクタ形式であるため，拡大・縮小をしても画質が劣化することはありません．PNGは，JPEGと同じくラスタ形式でフルカラーを扱えますが，可逆圧縮であり，画像の一部を透過する機能をもちます．GIFは，画像の一部の透過，アニメーション機能をもちます．しかし，最大256色しか表現ができないため，風景写真などの利用には適していません．したがって，正解答は**エ**になります．

[解答：a．イ　　b．ア　　c．ア　　d．エ]

第4問

●出題領域：デザインと表現手法
●問題テーマ：画像編集，インフォグラフィックス
●解説
a：**ア**は，画像を反転させたものです．**イ**は，色相の変更が施されています．**ウ**はトリミングとよばれ，画像内の必要な部分だけを切り出したり，画像のなかで強調したい部分をより明確にしたり，画像の形を変えたい場合などに行います．**エ**は画像内の一部の被写体を消す処理が施させれています．このように，画像を編集する作業全般をレタッチとよびます．したがって，正解答は**ウ**となります．
b：**図2**と**図3**を比較すると，画像全体が明るくなっていることがわかります．このような加工を行うためには，明度を調整する必要があります．したがって，正解答は**ア**となります．
c：トーンカーブとは，滑らかに変化するカーブを使って，画像の明るさを可能な限り自然な状態で変化させるためのツールです．**図6**のような調整を行った場合，明るいところはより明るく，暗いところはより暗くなるため，コントラストが高くなった状態になります．したがって，正解答は**エ**となります．
d：ピクトグラムとは，言葉や用語の代わりにグラフィックスを用いることで直観的かつ迅速に情報を伝えることができる記号（絵文字）です．また，複雑な情報を正確に伝えるよりも，ひと目で理解させる，という目的に利用されるため，正解答は**ア**となります．

第5問

●出題領域：デザインと表現手法
●問題テーマ：ナビゲーション，レイアウト，インタラクション
●解説

a：図1はレスポンシブウェブデザインの手法を表した図になります．レスポンシブウェブデザインとは，すべての機器に対して共通のURL，HTMLファイル，CSSファイルを用いる手法です．閲覧機器の使用するWebブラウザの画面幅（ビューポート）を基準に，CSSの機能を用いて表示を切り替えることをいいます．現在，Webサイト閲覧に用いる機器は多様化しており，従来のPC表示画面に加えて，スマートフォンやタブレットなどのスマートデバイス表示への対応も同時に求められます．**ア**のマルチカラムレイアウトは，Webサイトが2カラム以上に構成されたレイアウト手法です．**ウ**のユーザセンタードデザインは，ユーザの視点に立ってデザインを行うことであり，**エ**のユーザビリティは，使い勝手・使いやすさの意味になります．したがって，正解答は**イ**となります．

b：表示領域の狭いスマートフォンなどのスマートデバイスでは，コンテンツエリアをより広く表示するためのナビゲーションの手法があります．**ア**のスライドは，メニューボタンをタップすると，ナビゲーションエリアを横方向へスライドするかたちで表示する手法です．**イ**のドロップダウンは，メニューボタンをタップするとナビゲーションエリアを下方へ滑り降りるかたちで表示する手法です．**ウ**のタブは，タブメニューの切り替えによってコンテンツを表示する手法です．**エ**のアコーディオンは，メニューを選択するたびに楽器のアコーディオンの蛇腹のように開いたり閉じたりして，ユーザが必要とするメニューの内容を表示する手法です．したがって，正解答は**エ**となります．

c：**ア**は上部ナビゲーション型，**イ**の全画面を使用するレイアウトは，フルスクリーン型の説明であるため，誤りです．**エ**はZの法則とよばれる，順序よく情報を伝える法則の説明であり，レイアウトパターンの説明ではありません．したがって，正解答は**ウ**となります．

d：シングルカラムレイアウトとは，Webサイトの情報がすべて縦1列に並べられているレイアウトパターンであり，スマートフォンなど画面の表示領域が限られている閲覧機器などに適しています．**ウ**のように袖にナビゲーションを配置するレイアウトパターンは，マルチカラムレイアウトとよび，**ウ**の説明は誤りです．したがって，正解答は**ウ**となります．

［解答：a．イ　　b．エ　　c．ウ　　d．ウ］

第6問

●出題領域：Webページを実現する技術
●問題テーマ：HTMLの基礎，ハイパーリンク，ディレクトリ
●解説

a：HTML文書は，全体を\<html\>タグで囲み，\<head\>タグでヘッダ部を，\<body\>タグで本体部を記述するという書式になっています．ヘッダ部には，タイトルやHTML文書全体に関するメタ情報を，本体部にはWebブラウザにコンテンツを表示するための記述を行います．したがって，正解答は**ウ**となります．

b：HTMLでは，文書型宣言の記述は必須になっています．空要素を記述する際，XHTMLでは厳格な記述ルールに則っていましたが，HTML5以降において空要素を記述する際は，\<br\>と\<br /\>のどちらの記述をしてもかまわないことになっています．複数のページを設けているWebサイトの場合はHTMLファイルを複数作成しますが，一つひとつのHTMLファイルにtitle要素を記述しなければならず，省略はできません．HTMLを記述する際の文字コードはUTF-8を指定することが推奨されています．したがって，正解答は**イ**になります．

c：HTML文書中に画像を貼り付けるにはimg要素を使用します．GIFデータは画像データとして扱われるため，img要素を用います．その際，src属性によって画像ファイルを，alt属性によって代替テキストを記述することが望ましいです．したがって，正解答は**エ**となります．

d：Webサイトの運用を行うにあたりファイルを相対パス指定で行うことは，ローカルの制作環境で表示を確認するときや，ルートディレクトリからの指定が利用できない共用のテストサーバなどでテストを行う場合など，さまざまな状況で利便性があります．図2のhtmlフォルダとimagesフォルダは，どちらもwwwフォルダ内の同じ階層にあり，index.htmlはhtmlフォルダ内，header.jpgはimagesフォルダ内にあります．このため，index.htmlからheader.jpgを相対パス指定で参照する場合は，1つ上の階層を指定する「../」を記述し，続いて「images（ディレクトリ名）/header.jpg（ファイル名）」を記述することで，header.jpgを表示することができます．**イ**と**ウ**はドキュメントルートディレクトリ

からの指定を行う絶対パス指定です．エは相対パス指定ですが，相対関係が誤っているため，正しい表示および，正しいリンクの動作が行えません．アのHTML内での記述は相対パス指定であり，かつ正しい相対関係でパスが指定されています．したがって，正解答アとなります．

[解答：a．ウ　　b．イ　　c．エ　　d．ア]

第7問

●出題領域：Webページを実現する技術
●問題テーマ：表(テーブル)，リスト，フォーム
●解説

a：順不同リストでは，リスト全体をul要素で記述し，個々の内容をli要素で記述します．ol要素は順序リストを表します．イとエは，リストの入れ物を表す要素と個々の内容を表す要素の記述が逆になっています．したがって，正解答はアとなります．

b：表(テーブル)を作成する際は，table要素のなかに本体要素であるtr要素で行を作成し，その行のなかにth要素やtd要素でセルを記述することで作成できます．したがって，正解答はイとなります．

c：アのtextarea要素は，複数行にわたるような長い文章を入力するために用いられます．文字数制限を設ける際は別途，属性を指定する必要があります．ウのラジオボタンは，択一的な選択のみに用いられ，複数選択に用いることはできません．エのチェックボックスは，項目の複数選択が可能です．したがって，正解答はイとなります．

d：会員登録ページなど，Webページの閲覧者が何らかの情報を数文字程度入力するための1行テキスト入力欄は，form要素を用いた<input type="text">によって作成することができます．複数行のテキスト入力欄はtextarea要素を使用して作成することができます．したがって，正解答はウとなります．

[解答：a．ア　　b．イ　　c．イ　　d．ウ]

第8問

●出題領域：Webページを実現する技術
●問題テーマ：HTML，CSSの基礎
●解説

a：HTML文書に，ある要素をclass属性かid属性を使用して装飾したい場合に，CSSから各属性のスタイルを適用するためには，class属性には「.(ドット)＋クラス名」，id属性には「#(シャープ)＋ID名」を指定します．「段落2」の文字のみ赤色に装飾するには，エの方法で指定するのが適切です．したがって，正解答はエとなります．

b：CSSを外部ファイルとして読み込む際，HTML文書のhead要素内に<link rel="stylesheet" type="text/css" href="ファイル名">を記述します．このhref属性の属性値に作成したCSSのファイル名を記述することでWebページの装飾を行います．したがって，正解答はイとなります．

c：文章構造には見出しや段落のほかに各種リスト，テーブルやフォームなどがあり，Webページを構成する部品となります．段落の行頭を1文字ずらすなどは装飾にあたり，CSSで記述します．したがって，正解答はウとなります．

d：CSSで使用できるおもな単位として，px，%，rem，vwなどがあります．%，rem，vwは相対単位であり，継承(親要素で指定した装飾情報は，子要素にも引き継がれる性質)の状態やWebブラウザの設定などによる現在の値への相対値としてサイズを指定することができます．pxは絶対単位であり，継承の状態やWebブラウザの設定などに依存せず，絶対値としてサイズを指定することができます．したがって，正解答はイとなります．

[解答：a．エ　　b．イ　　c．ウ　　d．イ]

第9問

●出題領域：Webページを実現する技術
●問題テーマ：ボックス，レスポンシブウェブデザイン，ポジション
●解説

a：ブロックボックスは，マージン，ボーダー，パディング，コンテンツから成り立っています．[A]の部分はパディン

グとよび, ボーダーとコンテンツ領域との間に空間をつくるための領域になります. したがって, 正解答は**ア**になります.

b : ブロックボックスでは, CSSのwidth属性によって指定される横幅とpaddingプロパティによって指定されるパディングの幅, borderプロパティによって指定されるボーダーの幅を合算した数値が, 視覚的にボーダーを含む全体の幅となります. また, paddingプロパティやborderプロパティで数値を1つだけ指定した場合は, 同じ数値が左右のパディングの幅, ボーダー幅に対して適用されます. したがって, 正解答は**エ**となります.

c : positionプロパティにおいて, Webページ上の画面に, HTML要素を指定した位置に固定するために使われる値はfixedです. staticは位置を指定しない, relativeは基準となる表示位置(本来表示される位置)からの相対的な位置, absoluteは親要素を基準とした絶対的な位置を指定するために使われます. しがって, 正解答は**エ**となります.

d : メディアクエリとは, ある条件を指定し, その条件が満たされたときにCSSを働かせるしくみです. メディアクエリで条件を指定する場合には, 最大値を指定すればよいため, max-widthを使用します. したがって, 正解答は**イ**となります.

[解答：a. ア　　b. エ　　c. エ　　d. イ]

第10問

●出題領域：Webサイトの公開と運用
●問題テーマ：テストと修正, Webサイトの公開, 評価と運用
●解説

a : Webサイト公開前の重要な作業にテストとデバッグがあります. テストはリンクが正しく張れているか, JavaScriptなどのインタラクティブ機能の実装が正常に機能するかなど, 動きや機能そのものをチェックすることですが, デバッグはエラーがあるプログラムを修正する作業のことをいいます. したがって, 正解答は**イ**となります.

b : より多くのユーザが情報を取得・利用できる状態に配慮されている度合いや考え方のことをアクセシビリティとよび, Webサイトではそのための施策が必要とされています. 具体的な施策として, 配色や文字の大きさの設定などによる可読性, 音声読み上げソフトウェアへの対応, コンピュータや通信環境の違いによる動作不良, 知的財産件の管理, 情報倫理への対応など配慮すべき点があります. したがって, 正解答は**ア**となります.

c : **ア**のコンバージョン数とは, 商品の購入, または会員サービスの入会など, その目的が達成された数のことです. **イ**のページビューとは, 特定のWebページのアクセス数(閲覧された回数)をカウントします. Webページが閲覧されているか判断するために, このページビューの数値が指標となります. **ウ**のセッション数とは, 一定時間(期間)内に訪問者がWebサイトを閲覧, 回遊, 離脱するまでの延べ人数をカウントします. **エ**のユニークユーザ数とは, ある一定期間でそのWebサイトに訪問した固有のユーザの数であり, その間同一のユーザが何回Webサイトへ訪れようとユーザ数は1となります. したがって, 正解答は**ウ**となります.

d : ファイアウォールは, ネットワークをインターネットに接続する場合に, 正当な利用目的以外のアクセスを制限するしくみです. ファイアウォールは外部からの不正アクセスだけでなく, 内部からの不正アクセスを外に流れないように遮断することもできます. **ア**は, ログイン機能が実装されたWebサイトなどで一般に行われている認証方法のことです. **イ**は, SSL/TLSの技術を使用した暗号化についての説明です. **ウ**は電子透かしの技術の説明です. したがって, 正解答は**エ**となります.

[解答：a. イ　　b. ア　　c. ウ　　d. エ]